Jayanta Kumar Patra
Gitishree Das
Sushanto Gouda

Sargassum sp., um tesouro de compostos bioactivos naturais

Jayanta Kumar Patra
Gitishree Das
Sushanto Gouda

Sargassum sp., um tesouro de compostos bioactivos naturais

ScienciaScripts

Imprint
Any brand names and product names mentioned in this book are subject to trademark, brand or patent protection and are trademarks or registered trademarks of their respective holders. The use of brand names, product names, common names, trade names, product descriptions etc. even without a particular marking in this work is in no way to be construed to mean that such names may be regarded as unrestricted in respect of trademark and brand protection legislation and could thus be used by anyone.

Cover image: www.ingimage.com

This book is a translation from the original published under ISBN 978-620-2-01447-2.

Publisher:
Sciencia Scripts
is a trademark of
Dodo Books Indian Ocean Ltd. and OmniScriptum S.R.L publishing group

120 High Road, East Finchley, London, N2 9ED, United Kingdom
Str. Armeneasca 28/1, office 1, Chisinau MD-2012, Republic of Moldova, Europe
Printed at: see last page
ISBN: 978-620-7-69158-6

Índice

Introdução

As algas marinhas ou macroalgas são espécies que pertencem ao grupo das plantas inferiores e são desprovidas de um sistema adequado de raízes, caules e folhas. As algas marinhas são compostas por um talo (semelhante a uma folha) e, por vezes, por um caule e um pé. Possuem uma lâmina que se assemelha a uma folha, uma faixa que se assemelha a um caule e um suporte que se assemelha a uma raiz. Algumas espécies têm estruturas cheias de gás para proporcionar flutuabilidade. As macroalgas ou "algas marinhas" são plantas multicelulares que crescem em água salgada ou doce. Constituem uma componente importante dos recursos vivos marinhos. As algas variam imenso na sua forma e são muito elaboradas em termos de forma e tamanho. Vão desde os flagelados unicelulares e microscópicos até às algas gigantes, que atingem um comprimento de 500 a 600 metros. As algas marinhas ou algas marinhas bentónicas vivem em ambientes marinhos ou de água salobra. Tal como as plantas terrestres, as algas marinhas contêm pigmentos fotossintéticos e, com a ajuda da luz solar e dos nutrientes presentes na água do mar, fotossintetizam e produzem alimentos e oxigénio a partir do dióxido de carbono e da água. As algas encontram-se em águas costeiras relativamente pouco profundas, em estuários, em zonas intertidais e em águas profundas até 180 metros de profundidade. Encontram-se também na região costeira entre a maré alta e a maré baixa e na região submarina até uma profundidade em que existe 0,01% de luz fotossintética disponível (250 m em águas particularmente claras) (Dhargalkar & Kavalekar, 2004). As algas marinhas são produtores primários, abrigo, viveiros e fontes de alimento para os organismos marinhos. Estima-se que cerca de 90% das espécies de plantas marinhas são algas e que cerca de 40% da fotossíntese global provém de algas (Domettila et al., 2013). As algas marinhas são frequentemente de crescimento rápido e podem atingir tamanhos de até 60 m de comprimento (McHugh, 2003). São importantes do ponto de vista ecológico e dominam a maior parte das zonas intertidais rochosas dos oceanos, das regiões temperadas e polares e das regiões subtidais pouco profundas.

As algas marinhas são classificadas com base em certas características, tais como os seus pigmentos fotossintéticos, modo de reprodução, micro e macro morfologias e os seus ficopolímeros. Os critérios importantes utilizados para distinguir os diferentes grupos de algas podem também basear-se em estudos bioquímicos, fisiológicos e de microscopia eletrónica recentes, incluindo os pigmentos fotossintéticos, os produtos alimentares de armazenamento, os componentes da parede celular, a estrutura fina da célula e os flagelos. De um modo geral, as algas marinhas são classificadas em três grandes grupos: i) algas castanhas (Phaeophyceae, constituídas por 38 géneros e 194 espécies), ii) algas vermelhas (Rhodophyceae, constituídas por 136 géneros e 434 espécies) e iii) algas verdes (Chlorophyceae, constituídas por 43 géneros e 213 espécies) (Dhargalkar & Kavlekar, 2004; Satheesh & Wesley, 2012). Com base no tipo de pigmento, na estrutura externa e interna e na reprodução, as algas marinhas dividem-se em quatro grupos principais: algas verdes, azuis-verdes, castanhas e vermelhas. Os botânicos referem-se a estes grandes grupos como Phaeophyceae, Rhodophyceae, Cyanophyceae e Chlorophyceae, respetivamente. As algas castanhas são geralmente grandes e vão desde a alga marinha; as algas vermelhas são geralmente mais pequenas, variando entre centímetros e cerca de um metro de comprimento e não são necessariamente sempre vermelhas. Podem apresentar uma cor púrpura ou mesmo vermelho acastanhado. As algas verdes são geralmente mais pequenas e variam até alguns centímetros (McHugh, 2003). As algas mais simples são as cianobactérias, anteriormente designadas por algas azuis-verdes, e as algas verdes (Chlorophyta), que se encontram mais perto da costa, em águas pouco profundas, e que crescem geralmente sob a forma de filamentos filiformes, folhas irregulares ou frondes ramificadas. As algas castanhas (divisão Phaeophyta), em que o pigmento castanho mascara o verde da clorofila, são as mais numerosas das algas das regiões temperadas e polares. Crescem a profundidades de 15-23 m (50 a 75 pés). As algas vermelhas (divisão Rhodophyta), muitas delas delicadas e parecidas com fetos, encontram-se nas maiores profundidades (até 879 pés/268 m); o seu pigmento vermelho permite-lhes absorver a luz azul e violeta presente nessas profundidades (Williams & Smith, 2007).

Distribuição das algas marinhas

Todos os anos são exploradas cerca de 2 000 000 toneladas (peso seco) de algas marinhas para a produção de algina e ágar, a maioria das quais são verdes (1200 espécies), castanhas (2000 espécies) ou vermelhas (6000 espécies). As algas marinhas são também amplamente utilizadas como alimento e forragem em diferentes países, tanto nas formas cultivadas como nas formas nativas. A área de distribuição nativa das algas marinhas abrange uma vasta região geográfica: NE, NW, SE, SW, e oceanos centrais do Atlântico e do Pacífico; Caraíbas; Austrália e Nova Zelândia; Mediterrâneo; Índico; Antártico; Ártico; e os mares Negro e Cáspio (Williams & Smith, 2007; Hoek, 1984; Satheesh & Wesley, 2012).

As algas estão distribuídas por todo o globo e são a principal fonte de alimentação em muitos países asiáticos, como a China, a Indonésia, a Malásia, o Vietname, a Tailândia, etc. São também muito utilizadas no Japão, Coreia do Sul, Irlanda, França, EUA e outros países europeus (Jiménez-Escrig & Cambrodon. 1999; Brownlee et al., 2012). Um mapa de distribuição pormenorizado das algas marinhas é apresentado abaixo (**Figura 1**).

Das cerca de cinco a seis mil espécies de algas marinhas que ocorrem em todo o mundo, foram enumerados até à data cerca de 271 géneros e 1153 espécies de algas marinhas, incluindo formas e variedades, nas águas indianas, ao longo da região costeira. As algas marinhas crescem abundantemente ao longo da costa indiana, em especial nas regiões de costa rochosa; existem ricos leitos de algas marinhas em torno de Visakhapatnam na costa oriental, Mahabalipuram, Golfo de Mannar, Tiruchendur, Tuticorin e Kerala na costa sul; Veraval e Golfo de Kutch na costa ocidental; Ilhas Andaman e Nicobar e Lakshadweep (Domettila et al., 2013; Silva et al., 1996; Sahoo, 2001). Os recursos de algas marinhas também são abundantes em torno de Mumbai, Ratnagiri, Goa, Karwar,

Varkala, Vizhinjam e Pulicat em Tamil Nadu e Chilka em Orissa. Foram encontrados cerca de 841 taxa de algas marinhas nas regiões intertidais e de águas profundas da costa indiana (Oza & Zaidi, 2001).

Na costa ocidental da Índia, as primeiras recolhas de que há notícia foram efectuadas em vários locais. Na Índia, o golfo de Mannar, o golfo de Kutch, a baía de Calh, Lakshadweep e as ilhas da baía são as zonas importantes para a cultura de algas devido aos seus recursos naturais consideráveis. Esta zona estende-se ao longo de 6.100 km de costa do país. Cerca de 680 espécies de algas marinhas pertencentes aos grupos Chlorophyta, Phaeophyta e Rhodophyta ocorrem naturalmente em diferentes graus de abundância em baías pouco profundas, lagoas e zonas costeiras que oferecem substratos adequados para o seu crescimento e propagação (Mishra, 1966; Satheesh & Wesley, 2012; Domettila et al., 2013).

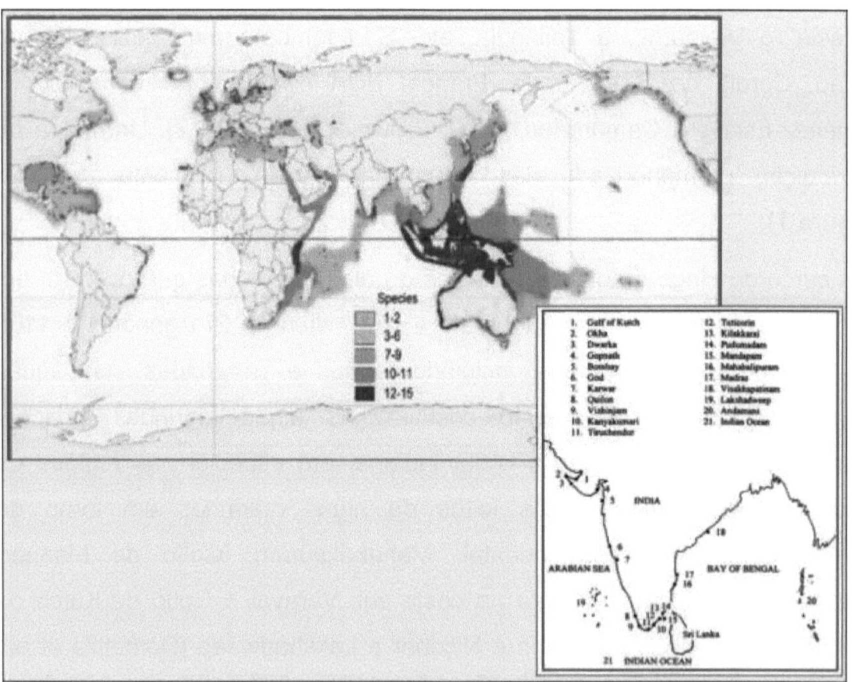

Figura 1: Mapa que mostra a distribuição das algas marinhas em todo o mundo e na Índia

Algas vermelhas

As algas vermelhas formam um grupo distinto que se caracteriza por ter células eucarióticas sem flagelos e centríolos, cloroplastos que não possuem retículo endoplasmático externo e contêm tilacóides não empilhados (estoma), e utilizam fito-biliproteínas como pigmentos acessórios, que lhes conferem a sua cor vermelha (Woelkerling, 1990). A cor das algas vermelhas variava entre o cor-de-rosa, o vermelho rosado e o púrpura avermelhado. A cor vermelha deve-se à presença de pigmentos solúveis em água presentes nas algas. A abundância destes pigmentos acessórios está relacionada com a intensidade da luz, sendo a cor vermelha mais fraca quanto mais forte for a luz. Das cerca de 4000 espécies conhecidas de algas vermelhas, cerca de 98% são marinhas e basicamente filamentosas. Do ponto de vista económico, as algas vermelhas têm uma importância considerável. O ágar-ágar e a carragenina são extraídos de várias espécies de algas vermelhas. Estas são utilizadas em vegetais marinhos e consumidas cruas ou em sopas por pessoas de muitas partes do mundo (Nylund et al., 2013). Alguns dos exemplos notáveis de algas vermelhas são *Porphyra leucostica, Galaxaura lamouroux, Grinnellia americana*, etc.

Algas verdes

As algas verdes são um grupo grande e informal de algas constituído pelas Clorófitas. As algas verdes têm cloroplastos que contêm clorofila a e b, o que lhes confere uma cor verde brilhante, bem como os pigmentos acessórios beta-caroteno e xantofilas (Palmer et al., 2004). Foram descritas mais de 7000 espécies de algas verdes, das quais cerca de 13% são marinhas. Todas as algas verdes são economicamente importantes devido ao papel que desempenham na cadeia alimentar biológica, uma sequência de eventos predador-presa, que em última análise afectam e envolvem o homem (Guiry, 2012). Alguns dos exemplos notáveis incluem *Caulerpa sertularides, Caulerpa taxifolia, Enteromprpha* sp. etc.

Algas castanhas

As algas castanhas são o maior tipo de algas do filo Phaeophyta (ou Fucophyceae), que significa "plantas escuras". São constituídas principalmente por algas marinhas complexas e macroscópicas, cuja cor castanha se deve à predominância dos pigmentos xantofila e fucoxantina e, em algumas espécies, à presença de taninos feofíceos (Van den Hoek *et al*., 1995). Das 2000 espécies (em 265 géneros) de algas castanhas, sabe-se que a maioria está distribuída pelo oceano e apenas menos de 1% é conhecida em habitats de água doce, embora algumas espécies marinhas possam também colonizar águas salobras (West & Kraft, 1996). A nível mundial, existem cerca de 1500-2000 espécies de algas castanhas, que se encontram em águas temperadas ou árcticas de todo o mundo e crescem a profundidades de 15-23 m (Phillip, 1995). De todas as espécies de algas existentes no mundo, as algas castanhas, como as laminariales e as fucales, são as que apresentam uma distribuição geográfica mais caraterística, o que as torna o habitat das algas marinhas. A distribuição das algas nas diferentes regiões do mundo é grandemente influenciada por uma série de factores, dos quais a temperatura é o fator mais eficaz (normalmente 0° - *25°).* Apesar das fortes correntes oceânicas que fluem de uma região para a outra e de outras diferenças fisiológicas e geográficas, as algas marinhas estão amplamente presentes na maioria das regiões costeiras do mundo.

As algas castanhas são tipicamente constituídas por uma estrutura semelhante a uma raiz, denominada "fixação", para ancorar as algas a uma superfície. As morfologias básicas das algas castanhas podem ser caracterizadas por três formas básicas: filamentos unisseriados (eixo único), ramificados (membros das Ectocarpales) que se desenvolvem para formar tufos espalhados ou em forma de almofada (*Bodanella*, *Ectocarpus*, *Pleurocladia*, *Porterinema, Pseudobodanella*). Outras podem ser constituídas por filamentos prostrados, que produzem uma série de filamentos verticais densamente compactados, formando uma morfologia crustosa. As algas castanhas também podem ser encontradas dispostas em filamentos ramificados multisseriados (multiaxiais) e formam almofadas espalhadas em substratos submersos. Os talos da maioria das espécies de algas castanhas parecem ser capazes de formar filamentos ou pêlos hialinos e multicelulares (Wujek *et al.*, 1996, Sheath & Cole, 1992). Os membros do grupo têm muitas características em comum com os membros de outros grupos, como as crisófitas, sinurófitas (Chrysophyta) e diatomáceas (Bacillariophyta), incluindo a estrutura do cloroplasto (tilacóides em pilhas de três, lamela da cintura, retículo endoplasmático do cloroplasto), heterokonte em fase móvel (flagelos desiguais), principais pigmentos (clorofilas *a*, *c1* e *c2*, β-caroteno, violaxantina, diatoxantina e grandes quantidades de fucoxantina), bem como a reserva de armazenamento laminarina (Wehr, 2002). Algumas espécies de algas castanhas têm uma importância comercial suficiente, como *ascophyllum nodosum, Fucus* sp, *Sargassum* sp. etc., e são objeto de uma investigação aprofundada por direito próprio (Kandale et al., 2011).

"Sargassum sp." a maravilhosa alga castanha

O Sargassum sp. é um grupo de grandes algas castanhas da ordem "Fucales" e da família "Sargassaceae". O Sargassum é um dos géneros de algas castanhas mais abundantes do ponto de vista ecológico, económico, cultural e taxonómico. É o maior género de Phaeophyta, com mais de 400 espécies distribuídas na maioria das bacias oceânicas do mundo, com exceção das águas em torno da Antárctida (Nizamuddin, 1961). O Sargassum é também um dos poucos géneros de algas castanhas que abrange ambientes temperados e tropicais. O Sargassum é morfologicamente caracterizado por características distintas, como frondes auxiliares decompostas, lâmina simples e vesículas que surgem das porções distais da lâmina. Os receptáculos são compostos que se formam em ramos auxiliares modificados e são lisos ou armados. As espécies de Sargassum podem crescer até uma altura de 1-3 m de comprimento, constituídas por um suporte, caules muito ramificados e lâminas semelhantes a folhas. Existem numerosas vesículas de ar para dar flutuabilidade à planta. As folhas têm formas e tamanhos variáveis, tanto dentro da espécie como entre espécies. Os órgãos sexuais estão confinados a estruturas especializadas, os receptáculos em forma de dedos. Os órgãos sexuais encontram-se enterrados dentro de cavidades circulares, os conceptáculos, nos receptáculos (Noro et al., 1994). O Sargassum pode ser classificado em três secções: Zygocarpicae, Malacocarpica e Acanthocarpicae.

Várias espécies de Sargassum são utilizadas para diferentes fins e estão amplamente disponíveis em águas marinhas e salobras em todo o mundo (Figura 2). Algumas das espécies comuns de Sargassum facilmente disponíveis e amplamente utilizadas são o *Sargassum pacificum* no Peru, Chile e Baja; *o Sargassum muticum* no Japão, China e México; *o Sargassum agardhianum* nas Filipinas e na Califórnia; *o Sargassum echinocarpum* e o *Sargassum hawaiiensis* no Havai, Singapura, Taiwan, Fiji, Tonga, Arábia

Saudita, Etiópia, Quénia e Indonésia; *Sargassum cristaefolium* no Oceano Índico, Japão, Malásia, Indonésia, Sri Lanka, Índia, Taiwan e Vietname; *Sargassum microphyllum* na China, Austrália e Indonésia; *Sargassum ilicifolium* na costa da Índia, Paquistão, Sri Lanka, Bangladesh e Malásia (Carlsson et al., 2007; Gupta & Abu- Ghannam, 2011; Ambreen et al., 2012; Budhiyanti et al., 2012; Gamal-Eldeen et al., 2009; Kim et al., 2012; Marudhupandi et al., 2014; Ji et al., 2014; Wehr, 2002; Domettila et al., 2013; Manigandan & Kolanjinathan, 2014). Na Índia, várias espécies de Sargassum são colhidas e estão naturalmente disponíveis para diferentes utilizações ao longo das faixas costeiras do Oceano Índico, do Mar Arábico e da Baía de Bengala. As espécies regularmente distribuídas incluem *Sargassum Cristaefolium*, *Sargassum polycystum*, Sargassum *tenerrimum, Sargassum quanuliferum, Sargassum angustifolium, Sargassum tenue, Sargassum Crassifolium, Sargassum oligocystem* e *Sargassum ilicifolium* (Patra et al, 2015; Pati et al., 2016; Thirumalairaj et al., 2014; Pooja, 2014; Domettila et al., 2013; Manigandan & Kolanjinathan, 2014; Kausalya & Rao, 2015).

Figura 2: Diferentes espécies de Sargassum disponíveis em águas marinhas e salobras em todo o mundo

Sargassum sp.: casa do tesouro de compostos bioactivos naturais

Numerosas espécies marinhas do género Sargassum desenvolvem-se em ambientes extremamente stressantes e hostis em todo o mundo, tais como marés vivas, águas salgadas, falta de pigmentos fotossintéticos e de luz solar e temperaturas variáveis. Durante o processo do seu ciclo de vida, desenvolveram adaptações morfológicas e fisiológicas muito importantes para sobreviverem em condições tão extremas. Têm várias alterações nos seus processos fisiológicos que resultam na síntese de novos compostos químicos que oferecem proteção a estas plantas contra vários stresses bióticos e abióticos (Gupta & Abu- Ghannam, 2011). A natureza dotou diferentes organismos com diferentes tipos de mecanismos de defesa para os proteger de qualquer efeito deletério. Naturalmente, observam-se dois tipos de mecanismos de defesa que são utilizados pelo corpo para se proteger - o sistema imunitário que protege o corpo de intrusos estranhos e o sistema de defesa antioxidante do próprio corpo que protege o corpo dos radicais livres altamente reactivos gerados no seu interior por várias fontes (Brownlee et al., 2012).

Sargassum sp: Como fontes de antioxidantes naturais

Os radicais livres são o fator mais desafiante dentro do sistema corporal que necessita de neutralização contínua para prevenir os danos oxidativos no sistema biológico (Russo et al., 2003). No sentido real, os radicais livres são qualquer átomo ou molécula que tenha um "eletrão não emparelhado" no anel externo. Um "eletrão não emparelhado" significa que existe um número ímpar, uma vez que o "emparelhamento" de electrões é 2s (2 electrões). Uma vez que os electrões têm uma tendência muito forte para existir num estado emparelhado em vez de num estado não emparelhado, os radicais livres captam indiscriminadamente electrões de outros átomos, que por sua vez convertem esses outros átomos em radicais livres secundários, criando assim uma reação em cadeia que pode causar danos biológicos substanciais. Os radicais livres aumentam a sua atividade e quantidade ao chocarem com metais tóxicos no organismo. Assim, os metais tóxicos são uma causa dos radicais livres (Robert & Hubel, 2004; Halliwell & Gutterridge, 1985).

Os compostos e reacções químicas capazes de gerar espécies de oxigénio/radicais livres potencialmente tóxicos são designados por pró-oxidantes. Por outro lado, os compostos e as reacções que eliminam estas espécies, que as eliminam, que suprimem a sua formação ou que se opõem às suas acções são denominados anti-oxidantes. Numa célula normal, existem pró-oxidantes adequados: equilíbrio antioxidante. No entanto, este equilíbrio pode ser deslocado para os pró-oxidantes quando a produção de espécies de oxigénio aumenta ou quando os níveis de anti-oxidantes diminuem. Este estado é designado por stress oxidativo e pode resultar em danos celulares graves se o stress for maciço ou prolongado (**Figura 3**) (Adly, 2010; Irshad & Chaudhuri, 2002).

O stress oxidativo (SO) ocorre como consequência de um desequilíbrio entre a produção de espécies reactivas de oxigénio (ROS) e a defesa antioxidante disponível contra as mesmas (Figura 4). Estas espécies desempenham um papel importante em muitos processos biológicos. O stress oxidativo pode afetar as moléculas individuais e, consequentemente, todo o organismo. Pensa-se que o stress oxidativo é uma das principais causas de muitas doenças humanas (Agarwal & Prabakaran, 2005).

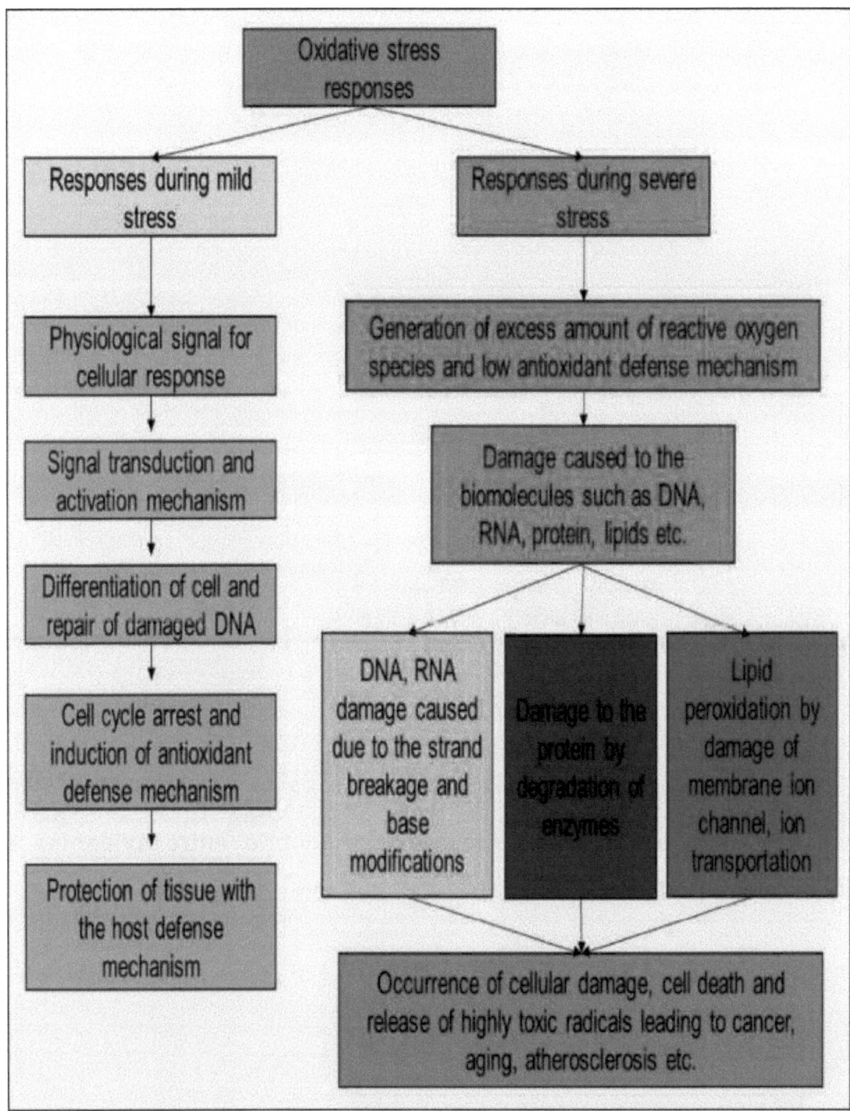

Figura 3: Mecanismo de defesa antioxidante devido à resposta ao stress oxidativo.

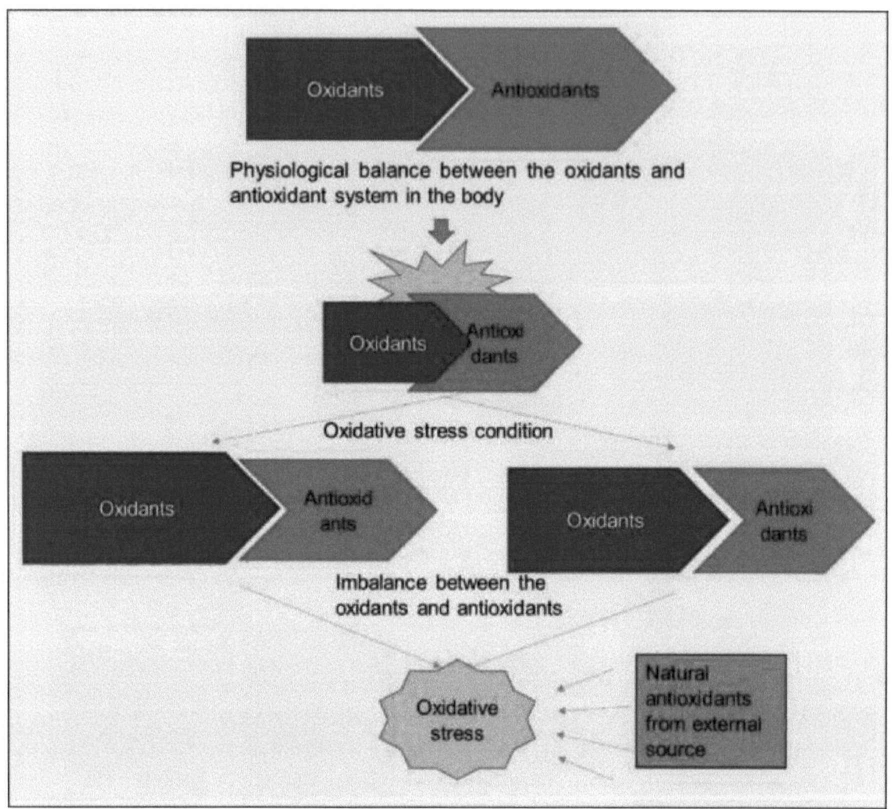

Figura 4: Stress oxidativo devido ao desequilíbrio entre oxidantes e antioxidantes no organismo.

Espécies reactivas de oxigénio

As espécies reactivas de oxigénio (ROS) são radicais livres e peróxidos que derivam do metabolismo do oxigénio e estão presentes em todos os organismos aeróbicos. As fontes exógenas de ERO incluem a radiação electromagnética, a radiação cósmica, o fumo do cigarro, os gases de escape dos automóveis, a luz UV, o ozono (O_3) e as radiações electromagnéticas de baixo comprimento de onda. Do mesmo modo, as fontes endógenas de ERO são a cadeia de transporte de electrões mitocondrial, a explosão respiratória por fagocitose, a beta-oxidação da gordura no peroxissoma, a auto-oxidação de aminoácidos, as catecolaminas, a hemoglobina e a lesão por reperfusão isquémica (Figura 5) (Arbona et al., 2003; Irshad & Chaudhuri, 2002).

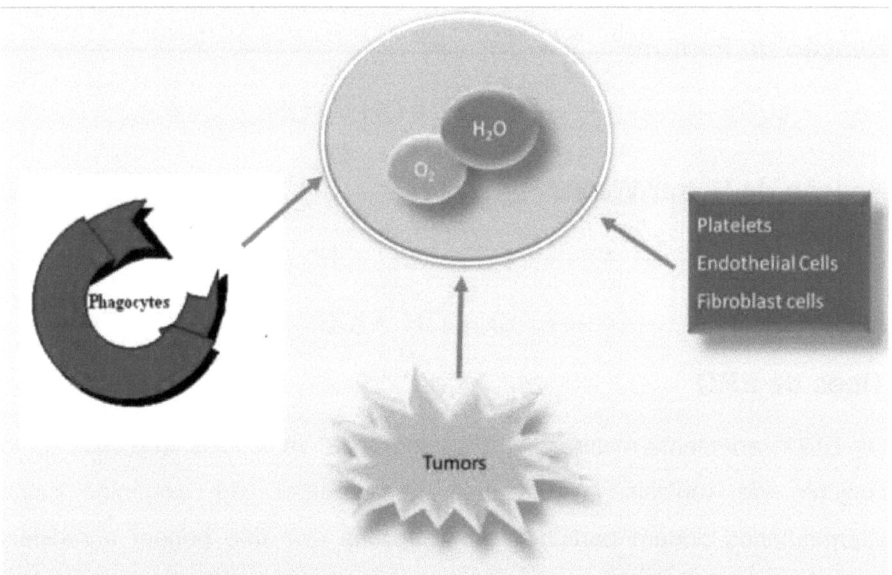

Figura 5: Diferentes fontes de geração de espécies reactivas de oxigénio.

Mecanismo de formação dos ERO

O oxigénio na atmosfera tem dois electrões não emparelhados e estes electrões não emparelhados têm spins paralelos (Halliwell & Gutterridge, 1985; Sharma et al., 2013). O oxigénio é geralmente não reativo a moléculas orgânicas que têm electrões emparelhados com spins opostos. Este oxigénio é considerado como estando num estado fundamental (tripleto ou ativo) e é ativado para um estado singleto (ativo) por dois mecanismos diferentes: (Agarwal & Prabakaran, 2005; Arbona et al., 2003) Absorção de energia suficiente para inverter o spin de um dos electrões não emparelhados. Redução monovalente (aceita um único eletrão). O superóxido é formado na primeira reação de redução monovalente, que sofre uma redução adicional para formar peróxido de hidrogénio. O peróxido de hidrogénio é ainda reduzido a radicais hidroxilo na presença de sais ferrosos (Fe^{2+}). Esta reação foi descrita pela primeira vez por Fenton e mais tarde desenvolvida por Haber e Weiss (Halliwell & Gutterridge, 1985).

Reação de Fenton:

$$Fe^{2+} + H_2O_2 \longrightarrow Fe^{3+} + OH^{-} + OH\cdot$$

Reação de Haber-Weiss:

$$H_2O_2 + OH\cdot \longrightarrow H_2O + O_2^{-} + H^{+}$$

$$H_2O_2 + O_2^{-} \longrightarrow O_2 + OH^{-} + OH^{\cdot}$$

Tipos de ERO

Os ERO representam uma vasta categoria de moléculas que indicam o conjunto de radicais e derivados não radicais do oxigénio. Estes intermediários podem participar em reacções que dão origem a radicais livres que danificam os substratos orgânicos. Além disso, existe outra classe de radicais livres derivados do azoto, denominados espécies reactivas de azoto (RNS). São moléculas derivadas do azoto e são consideradas uma subclasse de ROS (Nimse & Pal, 2015; Agarwal & Prabakaran, 2005).

Antioxidantes

O sistema antioxidante natural foi classificado em dois grandes grupos: enzimático e não enzimático (Figura 6). Os antioxidantes enzimáticos são constituídos por algumas proteínas e enzimas, como a catalase (CAT), a glutatião peroxidase (GPX), a glutatião redutase (GR) e a superóxido dismutase (SOD). Os antioxidantes não enzimáticos incluem os antioxidantes naturais que actuam diretamente, como o ácido ascórbico e lipóico, os polifenóis e os carotenóides, os antioxidantes naturais derivados de fontes alimentares, a vitamina A, a vitamina C, a vitamina E e o glutatião, etc. (Nimse & Pal, 2015; Gilgun-Sherki et al., 2001; Sharma et al., 2013). Estes antioxidantes não enzimáticos são extremamente importantes na defesa contra o efeito adverso das espécies reactivas de oxigénio. A própria célula também sintetiza estas moléculas em menor quantidade. Estes antioxidantes naturais incluem maioritariamente agentes quelantes e ligam-se a metais redox para impedir a geração de radicais livres.

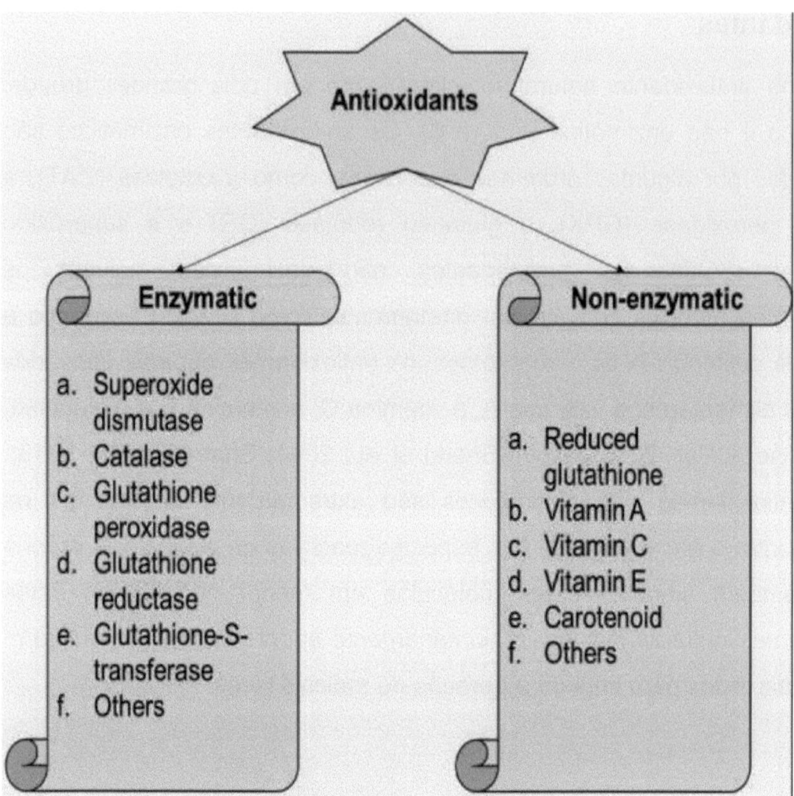

Figura 6: Tipos de antioxidantes no organismo

Antioxidantes enzimáticos

Superóxido Dismutase (SOD)

A hipótese dos "radicais livres" de Gershman e Gilbert foi alargada por J.M. Mc. Cord e I. Fridovich, nos Estados Unidos, numa "teoria do superóxido da toxicidade do oxigénio", na sequência da descoberta, em 1968, de uma enzima, a SOD, que catalisa especificamente a remoção do radical superóxido (O_2^-). Esta teoria propõe que a formação de O_2^- é um fator importante da toxicidade do oxigénio e que a enzima SOD constitui uma defesa essencial contra este fenómeno. A maior parte do oxigénio absorvido pelos aeróbios superiores é reduzido a água através do funcionamento da cadeia de transporte de electrões mitocondrial do peróxido. Os efeitos nocivos do oxigénio elevado devem-se a um aumento da produção do radical O_2^- derivado do mesmo e a SOD é essencial para permitir que os organismos sobrevivam na presença de qualquer oxigénio (Nimse & Pal, 2015; Arbona et al., 2003; Starlin & Gopalakrishnan, 2013).

A SOD elimina o radical superóxido intracelular e extracelular e previne a peroxidação lipídica da membrana plasmática. No entanto, deve ser conjugada com a catalase ou a GPX para evitar a ação do H_2O_2, que promove a formação de radicais hidroxilo (Agarwal & Prabakaran, 2005).

Catalase (CAT)

A maioria das células aeróbias contém atividade de catalase. Nos animais, a catalase está presente em todos os principais órgãos do corpo, estando especialmente concentrada no fígado e nos eritrócitos. O cérebro, o coração e o músculo esquelético contêm apenas pequenas quantidades. Foi demonstrado que a catalase é constituída por quatro subunidades proteicas, cada uma das quais contém um grupo haem Fe (III) ligado ao seu sítio ativo. A dissociação da enzima ocorre aquando do armazenamento, da liofilização ou da exposição a ácidos ou álcalis (Starlin & Gopalakrishnan, 2013; Halliwell & Gutterridge, 1985).

Glutatião-S-Transferase

As plantas desenvolveram mecanismos de defesa muito eficazes contra os danos oxidativos induzidos pelo stress. Um deles assenta na glutationa S-transferase (GST), que são enzimas ubíquas que desempenham uma série de papéis funcionais utilizando o tri-peptídeo glutationa (GSH) como co-substrato ou coenzima. As funções catalíticas dependentes da GSH incluem a conjugação e a consequente desintoxicação de produtos citotóxicos, por exemplo, os hidroperóxidos orgânicos formados durante o stress oxidativo e a isomerização do maleilacetoacetato em fumarilacetoacetato, uma etapa fundamental no catabolismo da tirosina. As GSTs são componentes de vias de sinalização celular induzidas por UV e potenciais reguladores da apoptose (Nimse & Pal, 2015; Sharma et al., 2013).

Glutatião peroxidase (GPx)

Glutationa peroxidase (GPx) é o nome geral de uma família de enzimas com atividade peroxidase cujo principal papel biológico é proteger o organismo dos danos oxidativos. A função bioquímica da glutationa peroxidase é reduzir os hidroperóxidos lipídicos aos seus álcoois correspondentes e reduzir o peróxido de hidrogénio livre a água (Muller et al. 2007; Starlin & Gopalakrishnan, 2013).

Antioxidantes não enzimáticos

Glutatião (GSH)

É um eliminador de radicais hidroxilo e de oxigénio singlete. A GSH pode reativar algumas enzimas que tenham sido inibidas pela exposição a uma concentração elevada de oxigénio. A GSH não é essencial para a vida aeróbia, uma vez que são conhecidas várias estirpes de bactérias que não a contêm, embora possam conter outros compostos tiólicos de baixo peso molecular (Starlin & Gopalakrishnan, 2013).

Ácido ascórbico (ASA)

O ácido ascórbico puro é um sólido cristalino branco, muito solúvel em água. As plantas e a maioria dos animais podem sintetizá-lo a partir da glicose, mas os seres humanos e outros perderam uma das enzimas necessárias durante a sua evolução e, por isso, necessitam de ácido ascórbico na dieta como vitamina C. O ácido ascórbico é necessário *in vivo* como cofator para as enzimas prolina hidroxilase e cistina-hidroxilase envolvidas na biossíntese do colagénio. A carência de ascorbato na dieta humana provoca a doença do escorbuto. O ascorbato pode ajudar a desintoxicar vários radicais orgânicos in vivo através de um processo de redução semelhante (Arbona et al., 2003; Nimse & Pal, 2015).

Stress oxidativo e doenças

A hiper carga fisiológica de radicais livres provoca um desequilíbrio nos fenómenos homeostáticos entre oxidantes e antioxidantes no organismo. Este desequilíbrio conduz ao stress oxidativo que está a ser sugerido como a causa principal do envelhecimento e de várias doenças humanas como a aterosclerose, o acidente vascular cerebral, a diabetes, o cancro e as doenças neurodegenerativas como a doença de Alzheimer e o Parkinsonismo. Por conseguinte, na medicina ocidental moderna, acredita-se que o equilíbrio entre a antioxidação e a oxidação é um conceito crítico para a manutenção de um sistema biológico saudável. No passado recente, as investigações acumularam enormes provas que defendem o enriquecimento dos sistemas corporais com antioxidantes para corrigir a homeostase viciada e prevenir o aparecimento, bem como tratar a doença causada/favorecida devido aos radicais livres e ao stress oxidativo relacionado (Tiwari, 2004).

O corpo humano produz radicais livres de oxigénio e outras espécies reactivas de oxigénio como subprodutos através de numerosos processos fisiológicos e bioquímicos. Os antioxidantes, como o glutatião, a arginina, a citrulina, a taurina, a creatina, o selénio, o zinco, a vitamina E, a vitamina C, a vitamina A e os polifenóis ajudam a regular as ERO. O antioxidante é ainda apoiado por enzimas antioxidantes, como a superóxido dismutase, a catalase, a glutationa redutase e a glutationa peroxidase, que exercem acções sinérgicas na eliminação dos radicais livres. A produção excessiva de radicais livres pode causar danos oxidativos nas biomoléculas (lípidos, proteínas, ADN), conduzindo eventualmente a muitas doenças crónicas, como a aterosclerose, o cancro, os diabéticos, a artrite reumatoide, a lesão pós-isquémica da perfusão, o enfarte do miocárdio, as doenças cardiovasculares, a inflamação crónica, o acidente vascular cerebral e o choque sético, o envelhecimento e outras doenças degenerativas nos seres humanos (Van Wijk et al., 2008; Gueteeens et al., 2002). O stress oxidativo desempenha um papel na inflamação, acelera o envelhecimento e contribui para uma variedade de condições degradativas, como doenças cardiovasculares, aterosclerose, cancro, cataratas, perturbações do sistema nervoso central, doenças inflamatórias intestinais, doenças hepáticas, artrite reumatoide, diabetes, doenças respiratórias, doenças auto-imunes, doenças hepáticas e renais e doenças da pele (Galli et al., 2005).

Fontes comerciais de antioxidantes

Quatro fontes endógenas parecem ser responsáveis pela maior parte dos oxidantes produzidos pelas células. (1) A respiração aeróbica normal, na qual as mitocôndrias consomem O_2 e o reduzem em etapas sequenciais para produzir O_2, H_2O_2 e -OH como subproduto. (2) As células infectadas por bactérias ou vírus são destruídas por fagocitose com uma explosão oxidativa de óxido nítrico (NO), O_2^-, H2O2 e OCl. (3) Os peroxissomas produzem H2O2 como subproduto da degradação dos ácidos gordos e de outras moléculas lipídicas, que é posteriormente degradado pela catalase. As provas sugerem que certas condições favorecem a fuga de uma parte do peróxido à degradação, libertando-o consequentemente para outros compartimentos da célula e aumentando o stress oxidativo que conduz a danos no ADN. (4) As enzimas do citocromo P450 dos animais são um dos principais sistemas de defesa que fornecem proteção contra os produtos químicos tóxicos naturais das plantas, a principal fonte de toxinas alimentares. Mesmo estas enzimas protegem contra os efeitos tóxicos agudos de substâncias químicas estranhas, mas podem gerar alguns subprodutos oxidativos que danificam o ADN (Haslam, 1996; Galli et al., 2005).

Vários antioxidantes são fornecidos ao corpo humano através da alimentação, tanto vegetariana como não vegetariana. As vitaminas C e E, o α-caroteno e a coenzima Q são os antioxidantes mais famosos da alimentação, dos quais a vitamina E está presente nos óleos vegetais e encontra-se em abundância no gérmen de trigo. É uma vitamina solúvel em gordura, absorvida no intestino e transportada no plasma por lipoproteínas. Das 8 formas isoméricas da vitamina E no estado natural, o α-tocoferol é a forma isomérica mais comum e potente. Sendo solúvel em lípidos, a vitamina E pode prevenir eficazmente a peroxidação lipídica da membrana plasmática. As plantas (frutos, legumes, ervas medicinais) podem conter uma grande variedade de moléculas que eliminam os radicais livres, tais como compostos fenólicos (ácidos fenólicos, flavonóides, quinões, cumarinas, lignanas, estilbenos, taninos, etc.), compostos azotados (alcalóides, aminas, betalaínas, etc.), vitaminas, terpenóides (incluindo carotenóides) e alguns outros metabolitos endógenos ricos em atividade antioxidante (Rauha et al, 2000; Irshad & Chaudhuri, 2002).

Algas marinhas e Sargassum sp. como fontes naturais de Antioxidantes

Historicamente, as algas comestíveis têm sido consumidas pelas populações costeiras de todo o mundo. Atualmente, as algas fazem ainda parte da dieta habitual em muitos países asiáticos, como o Japão, a Tailândia, a Indonésia e a China. A popularidade do consumo de algas marinhas parece também estar a aumentar nas culturas ocidentais, tanto devido ao influxo da cozinha asiática como aos supostos benefícios para a saúde associados ao seu consumo. As algas marinhas são fontes frescas de compostos bioactivos com imenso potencial medicinal que têm atraído a atenção das indústrias farmacêuticas (Pietra, 1997; Khairy & El-Sheikh, 2015). Crescem normalmente em todos os mares, exceto nas regiões polares, e produzem compostos biologicamente activos. As algas marinhas são amplamente utilizadas nas ciências da vida como fonte de compostos com diversas formas estruturais e actividades biológicas, pelo que constituem uma fonte potencial de novos antioxidantes. Com a crescente preocupação com os problemas de segurança e toxicidade relacionados com os antioxidantes sintéticos, como o butil-hidroxianisol (BHA) e o butil-hidroxitolueno (BHT), o galato de propilo, a terc-butil-hidro-quinona (TBHQ) e muitos outros, a atenção da comunidade científica tem-se voltado para as fontes naturais de antioxidantes nos últimos anos (Li et al., 2007). Sabe-se que os antioxidantes naturais desempenham um papel importante na inibição e eliminação de radicais, proporcionando assim proteção aos seres humanos contra infecções e doenças degenerativas. Os antioxidantes naturais, como o a-tocoferol, os fenóis e o b-caroteno presentes nas plantas superiores, estão a ser utilizados na indústria alimentar para inibir a peroxidação lipídica e podem proteger o corpo humano dos radicais livres e retardar o progresso de muitas doenças crónicas (Nimse & Pal, 2015; Zahra et al., 2007). Os antioxidantes, em particular os carotenóides, ajudam a prevenir os danos causados pelos radicais livres associados ao processo de envelhecimento. Estas propriedades anti-oxidantes são atribuídas principalmente a várias reacções e mecanismos: prevenção do início da cadeia, ligação de catalisadores de iões de metais de transição, capacidade redutora e eliminação de radicais (Khairy & El-Sheikh, 2015; Huang & Wang, 2004; Nimse & Pal, 2015).

Há relatos de que várias algas marinhas do género Sargassum possuem propriedades antioxidantes. O conteúdo fenólico das algas castanhas, que representa cerca de 20-30% do seu peso seco, é conhecido por ser um antioxidante essencial. Sabe-se que o Sargassumum produz diversas entidades bioactivas, incluindo plastoquinonas, cromanol, cetonemoiety, ciclopentenona e florotaninos, sargassumol e metabolitos secundários de polifenóis que incluem esteróides, diterpenos, sesquiterpenos, meroterpenóides, C15-acetogenis, ácido algínico, florotaninos, vários outros compostos fenólicos e polissacáridos que têm propriedades de eliminação de radicais livres (Siti et al, 2012; Kumar et al., 2014). Espécies do Sargassum, tais como *Sargassum kjellmanianum*, Sargassum *tenerrimum, Sargassum binderi*, Sargassum *angustifolium, Sargassum plagiophyllum, Sargassum ilicifolium, Sargassum pallidum, Sargassum latifolium, Sargassum thunbergii, Sargassum boveanum, Sargassum swartzii, Sargassum polyceratium, Sargassum filipendula, Sargassum subrepandum, Sargassum cinereum, Sargassum siliquosum, Sargassum mcclurei, Sargassum hystrix*, etc. foi relatado para mostrar potenciais propriedades antioxidantes (Lee et al., 2013; Devi et al., 2011; Kim et al., 2012; Nozaki et al., 1995; Ganapathi et al., 2013; Ghada et al., 2011; Budhiyanti et al., 2012; Patra et al., 2008; Karthikeyan et al., 2015). Além de Sargassum, outras espécies do grupo das algas castanhas também são conhecidas por possuírem actividades de eliminação de radicais livres e neutralização de o2, como *Fucus Vesiculosus, Ascophyllum nodosum, Fucus Serratus, Ulva lactuca, Jania rubens, Pterocladia capillacea, Turbinaria conoides, Hijikia fusiformis, Eisenia bicyclis, Ascophyllum nodosum, Ecklonia cava, Ecklonia kurome, Amphiroa sp, Turbinaria conoides* e *Halimeda macroloba* (Keyrouz et al., 2011; Boonchum et al., 2011; Mehdinezhad et al., 2016; Ji et al., 2011; Devi et al., 2011).

O potencial antioxidante de Sargassum sp. foi avaliado através de diferentes ensaios bioquímicos, tais como a atividade de eliminação de radicais livres (RSA), o teor fenólico total (TPC), a capacidade de quelação de iões ferrosos (FIC), a capacidade de absorção de radicais de oxigénio (ORAC), o parâmetro antioxidante de captura de radicais totais (TRAP), o poder antioxidante de redução férrica (FRAP), o ensaio de redução de cobre (CUPRAC), etc. e verificou-se que o potencial antioxidante de diferentes espécies depende de diversas variações fisiológicas e sazonais. Foi referido que o teor de fenólicos em várias espécies de Sargassum é específico de cada espécie e é geralmente mais elevado durante o verão e baixo durante o outono e o inverno (Connan et al., 2004). Também há relatos do efeito da luz solar e de outros factores, como padrões de maré, idade da planta, factores de crescimento celular, tamanho da espécie, etc. (Budhiyanti et al., 2012; Patra et al., 2008; Karthikeyan et al., 2015).

Algas marinhas e *Sargassum* sp. como fontes de compostos antimicrobianos

Nos últimos anos, a maioria dos compostos bioactivos foram obtidos a partir de vários mundos marinhos como lebres marinhas, ramos de nudi, briozoários, tunicados, esponjas, corais moles, lesmas do mar e microrganismos marinhos, etc. (Donia & Hamann 2003). A diversidade marinha tem sido a base de compostos químicos únicos com potencial para aplicações farmacêuticas e industriais. O interesse da investigação de produtos naturais foi direcionado para a flora marinha como fontes potenciais na produção de constituintes metabólicos com propriedades antimicrobianas, antivirais e antifúngicas (Ghada et al., 2011). As algas marinhas têm sido utilizadas como fonte de alimento e como medicamentos tradicionais desde a civilização em diferentes países asiáticos, como a China e o Japão. Antes da década de 1950, as propriedades medicinais das algas marinhas estavam limitadas às medicinas tradicionais e populares (Lincoln et al., 1991). As algas marinhas são consideradas como uma fonte de compostos bioactivos devido à sua capacidade única de se desenvolverem em condições ambientais adversas e, no processo, passam a ter valor medicinal quando utilizadas como fonte de medicamentos contra vários alimentos (Especheet al., 1984). Têm sido utilizadas como medicamentos em bruto para tratar cálculos biliares, doenças do estômago, eczema, cancro, distúrbios renais, sarna, psoríase, asma, arteriosclerose, doenças cardíacas, doenças pulmonares e úlceras (Fleurence, 1999; Lee, 2011). São uma fonte rica e variada de produtos naturais bioactivos e têm sido amplamente estudadas como fonte potencial de agentes biocidas e farmacêuticos. Sabe-se que produzem uma grande variedade de metabolitos secundários caracterizados por um amplo espetro de actividades biológicas. Para além do seu valor para a nutrição humana, as algas marinhas têm múltiplas aplicações terapêuticas para as quais a sua utilização tem crescido exponencialmente durante a última década (Mehdinezhad et al., 2016; Chakraborthy et al., 2010). O desejo de obter novos metabolitos da vida marinha resultou na extração de mais de 10 000 metabolitos até à data, muitos dos quais dotados de potencial farmacodinâmico. Mais de 28 produtos naturais marinhos estão atualmente a ser testados em ensaios clínicos em humanos, estando muitos mais em várias fases de desenvolvimento pré-clínico (Lubobi et al., 2016).

Os metabolitos secundários produzidos por bactérias e invertebrados marinhos deram origem a produtos medicinais como novos agentes anti-inflamatórios (Manoalide, pseudopterosinas, topsentinas, scytonemin), agentes anticancerígenos (Eleutherobin, bryostatins, discodermolide, e sarcodictyin) e antibióticos (marinone). As melaninas podem ser exploradas em protectores solares, corantes e corantes devido às suas propriedades cromóforas (Chakraborty 2101a). As actinobactérias, entre os micróbios mais comuns na Terra, são um armazém de 70% dos antibióticos naturais do mundo. Metabolitos com estruturas químicas novas e pertencentes a diversas classes químicas foram caracterizados a partir de vários mangais e associados a mangais. Substâncias químicas como aminoácidos, hidratos de carbono e proteínas são produtos do metabolismo primário e são vitais para a manutenção dos processos vitais, enquanto outras, como alcalóides, fenólicos, esteróides e terpenóides, são metabolitos secundários com significado toxicológico, farmacológico e ecológico (Chakraborty 2010a; Lubobi et al., 2016).

Os requisitos para a expansão de um agente antibiótico alternativo foram explorados desde a manifestação de micróbios resistentes a antibióticos e os efeitos secundários que os medicamentos sintéticos causam na medicação a longo prazo. Diferentes espécies de Sargassum têm sido um conjunto de compostos naturais bioactivos que não se encontram em produtos naturais terrestres (Anandhan et al., 2011). Foi relatado que os extractos orgânicos de diferentes espécies do género Sargassum contêm compostos de interesse citostático, antiviral, anti-helmíntico, antifúngico e antibacteriano (Figura 7) (El Shafay et al., 2016). A estrutura química de compostos bioactivos seleccionados com importância medicinal de *Sargassum* sp. é apresentada na Figura 8. Compostos bioactivos ou metabolitos secundários, como esteróides, ésteres, alcalóides, ácidos gordos essenciais, derivados de clorelina, ácido acrílico, compostos alifáticos halogenados, terpenos, compostos heterocíclicos contendo enxofre, inibidores fenólicos, etc., foram referidos como fontes potentes de medicamentos antimicrobianos (Espeche et al., 1984; Barot et al., 2016; Patra et al., 2008).

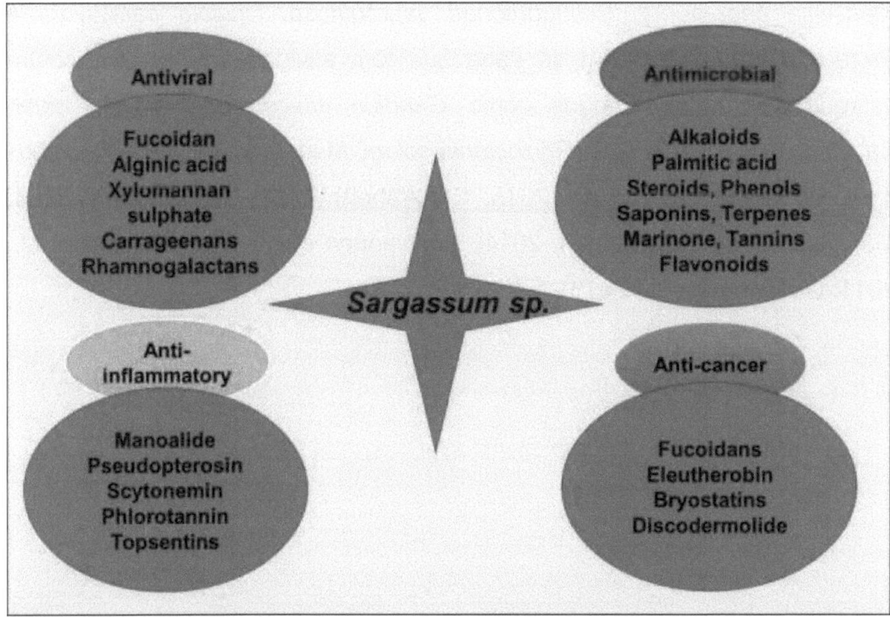

Figura 7: Compostos bioactivos de Sargassum sp. e sua aplicação médica.

Compostos como bromofenóis, taninos, floroglucinol, terpenóides e halogenados também são conhecidos por actuarem como inibidores microbianos, conforme relatado por Pati et al., (2016). Sargassum sp. tais como *Sargassum polycystum, Sargassum tenerrimum Sargassum subrepandum, Sargassum ilicifolium, Sargassum vulgare, Sargassum fusiforme, Sargassum latifolium, Sargassum platycarpum, Sargassum subrepandum, Sargassum polycystum, Sargassum naozhouense* etc. foi relatado para mostrar potencial antimicrobiano contra um número de estirpes patogénicas (Smit, 2004; Kausalya & Rao, 2015; Barot et al., 2016; Chakraborthy et al., 2010; Moubayed et al., 2017; Peng et al., 2013). O Sargassum tem propriedades inibitórias contra bactérias Gram positivas como *Bacillus subtilis, Staphylococcus aureus Micrococcus luteus, Staptococcus mutans, Streptococcus anginosus*, *Lactobacillus acidophilus* e bactérias Gram negativas como *Escherichia coli, Enterobacter aerogenes, Klebsiella pneumonia, Pseudomonas aeuroginosa*, *Erwinia caratovora* e *Proteus vulgaris.* Também se sabe que têm atividade antifúngica contra estirpes de fungos comuns como *Candida albicans Aspergillus niger*, *Saccharomyces cerevisiae, Rhizoctonia solani*, *Mucor racemosus* e *Rhizopus stolonifer* (Kausalya & Rao, 2015; Chakraborthy et al, 2010; Smit, 2004; Manigandan & Kolanjinathan, 2014; Manivannan et al., 2011; Ghada et al., 2011; Ganapathi et al., 2013).

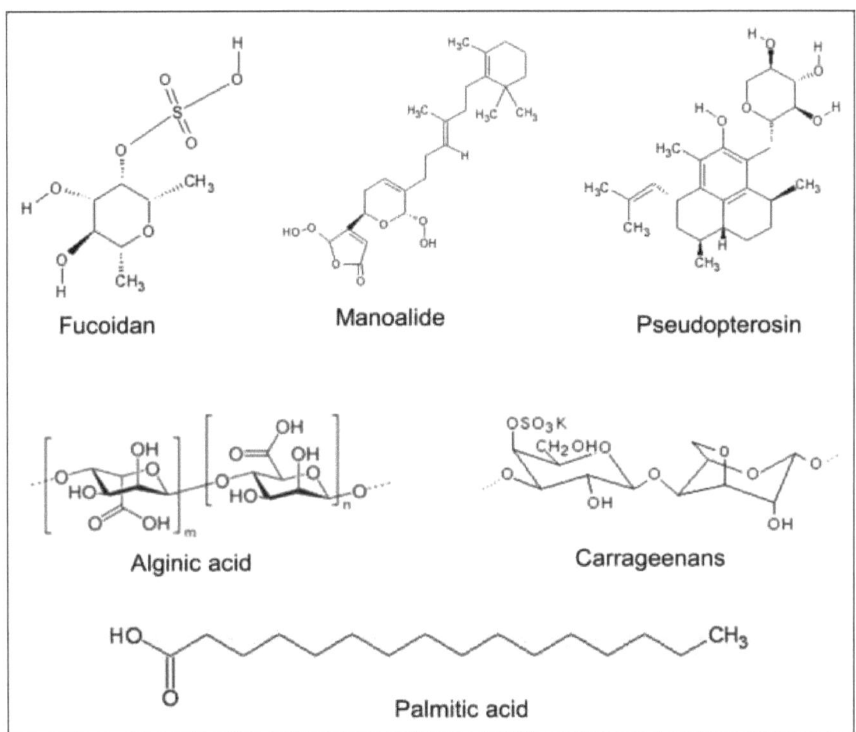

Figura 8: Estrutura química da lista de compostos bioactivos seleccionados de importância medicinal encontrados em *Sargassum* sp.

Barot et al., (2016) relataram a atividade inibitória de algumas espécies de Sargassum, nomeadamente *Sargassum subrepandum, Sargassum ilicifolium, Sargassum polycystum* contra bactérias Gram positivas e estirpes de fungos *Aspergillus niger* e *Penicillium janthinellum.* O potencial antimicrobiano de *Sargassum vulgare, Sargassum fusiforme, Sargassum latifolium* e *Sargassum platycarpum* foi observado por Moubayed et al., (2017) contra *Staphylococcus xylosus, Staphylococcus aureus, Enterococcus faecalis, Bacillus, subtilis, Escherichia coli Pseudomonas aeruginosa, Salmonella* sp. e *Klebsiella pneumonia*. Foi relatado que *Sargassum swartzii Sargassum latifolium* e *Sargassum platycarpum* têm uma atividade inibitória notável contra *Pseudomonas aeruginosa, Escherichia coli, Klebsiella pneumoniae, Proteus* sp. e *Staphylococcus aureus* (Karthikeyan et al., 2015). Sargassum *tennerimum* foi relatado por Ghada et al., (2011) como uma espécie antimicrobiana eficaz de Sargassum contra três gram positivos *Sargassum subrepandum* contra *Escherichia coli, Chlorella vulgaris, Chlorella sorokiniana* e *Scenedesmus subspicatus*. O potencial antimicrobiano de *Sargassum johnstonii* contra agentes patogénicos como *Bacillus* sp. *Enterococcus faecalis, Salmonella typhi, Escherichia coli, Halobacterium salinarum, Staphylococcus epidermidis* e *Rhizobium* foi relatado por Rupapara et al., 2015.

Certas espécies do género Sargassum são também uma fonte prospetiva de compostos antivirais. Espécies como o *Sargassum naozhouense* possuem uma forte atividade antiviral contra o HSV-1 *in vitro, tal* como relatado por Peng et al., (2013). Verificou-se que o extrato bruto de *Sargassum tenerrimum* contém ácido algínico e fucoidano, que são componentes antivirais fortes (Sinha et al., 2010). *Sargassum angustifolium, Sargassum oligocystum* e *Sargassum boveanum* foram testados eficazmente para MCF7, HeLa, HT29 e linhas celulares cancerosas (Mehdinezhad et al., 2016). O *Sargassum paten* foi identificado como uma fonte antiviral contra o vírus da imunodeficiência humana (VIH), o vírus Herpes simplex (HSV) tipos 1 e 2 e o vírus sincicial respiratório (RSV) por Smit, (2004) e Sajid et al., (2009). A atividade antiviral moderada de *Sargassum hemiphyllum* e *Sargassum latifolium* contra o vírus do herpes simples foi eficazmente determinada por Wang et al., (2008). A atividade antiviral de *Sargassum fluitans* contra Echovirus 9, Poliovirus 1, Coxsackievirus 5 e 24 foi determinada por Rey et al., (2016). A atividade anticancerígena de fucoidanos extraídos de *Sargassum polycystum*, Sargassum *oligocystum*, Sargassum *mcclurei, Sargassum swartzii* e *Sargassum denticaprum* no Vietname foi relatada por Ly et al., (2005). O *Sargassum oligocystum* colhido no Golfo Pérsico era conhecido por ser um potente indutor de linhas celulares tumorais em humanos contra as linhas celulares de cancro humano

K562 e Daudi (Zandi et al., 2010).

Outras espécies além do Sargassum são também conhecidas pelo seu papel na indução eficaz de vários tipos de células virais e tumorais em ratos e no ser humano. O vírus Herpes Simplex tipo 1 (HSV-1) e tipo 2 (HSV-2), o vírus da Hepatite A (HAV-H10) e o vírus Coxsackie B4 foram induzidos por espécies como *Cystoseira myrica*, *Turbinaria ornate*, *Jania rubens*, *Ulva lactuca* e *Codium tomentosum* (Zaid et al., 2016). *Verificou-se* que *Hydroclathrus clathratus* e *Lobophora variegata* têm potenciais actividades anti-Herpes Simplex Virual (Wang et al., 2008). A atividade antiviral *in vitro* de uma alga castanha (*Cystoseira myrica*) contra o vírus do herpes simplex tipo 1 (HSV-1) foi avaliada por Zandi et al., (2007).

As propriedades antimicrobianas e antivirais de diferentes espécies do género Sargassum podem ser atribuídas à presença de metabolitos secundários boactivos como o ciclohexano, o ácido 1,2-benzendicarboxílico, o hexano, o dodecano e o ácido octano palmítico e esteárico com hidrocarbonetos como o ftalato de dibutilo, o ácido 1,2-benzendicarboxílico e o esqualeno estigmasterol e alguns hidrocarbonetos. Foi relatado que o *Sargassum tenerrimum* tem ácidos gordos como o ácido palmítico (ácido gordo saturado), ácido mirístico (ácido gordo saturado), ácido araquidónico (ácido gordo polinsaturado essencial ómega 6), ácido esteárico (ácido gordo saturado), ácido erúcico (ácido gordo monoinsaturado ómega 9), ácido oleico e ácidos linolénicos, beta-sitosterol e fucosterol em diferentes extractos de solventes orgânicos (Barot et al., 2016). *O Sargassum tenerrimum* também possui alcalóides, esteróides, taninos, glicosídeos, antraquinonas, fenóis e saponinas, como mencionado num estudo de Bhiagabhati *et al*., (2011).
O *Sargassum* (Sargassaceae, Fucales) é conhecido por conter metabolitos secundários estruturalmente únicos, como plastoquinonas (Kim et al., 2015), cromanóis e polissacáridos (Lee et al., 2011). Verificou-se que *Sargassum angustifolium* e *Sargassum oligocystum* contêm taninos, saponinas, esteróis

e triterpenos, seguidos de flavonóides e triterpenos no estudo de Ganapathi et al., 2013 e Chakraborthy et al., 2010. Os taninos, esteróis, triterpenos e saponinas foram os principais constituintes do *Sargassum boveanum* (Mehdinezhad et al., 2016). Metabolitos bioactivos como o diterpeno tetraol, fucosterol e ácido linoleico e outros hidrocarbonetos como o heptadecano, 2,6,10,14-tetrametil-hexadecano, nonadecano e heneicosano eram abundantes na alga castanha *Sargassum subrepandum* (Ghada et al., 2011).

Para além do Sargassum, sabe-se que várias outras algas marinhas possuem excelentes características antimicrobianas. Smit, (2004) caracterizou um largo espetro de actividades biológicas; actividades antivirais, antibacterianas, antifúngicas e antitumorais em algas verdes, castanhas e vermelhas, dando uma abordagem alternativa à utilização de agentes antimicrobianos sintéticos. *Chaetomorpha* sp, *Cladophora fascicularis, Ulva lactuca Caulerpa racemosa, Caulerpa sertularioides, Valoniopsis pachynema, Porphyra vietnamensis Laurencia obtuse, Porphyra vietnamensis, Padina pavonia, Gymnospora, Hypneavalentiae, Gracilaria corticata, Turbinaria conoides, Padinagymnospora gymnospora*, *Cladophorasocialis, Ceramium rubrum (Rhodophyta),* e *Padina pavonia* e muitas outras foram relatadas como inibindo o crescimento de várias estirpes patogénicas, tais como *Aspergillus flavus, Aspergillus niger, Candida albican, Sicrococcus leutieus*, *Streptococcus fecalis, Streptococcus pyogenes* e *Pseudomonas aeroginosa gram* negativa, *Proteus vulgaris, Serratia marcesens, Escherichia coli, Proteus* sp., *Klebsiella pneumoniae* e *Acinetobacter baumanii* (Barot et al., 2016; Manigandan & Kolanjinathan, 2014; Moubayed et al., 2017; Manivannan *et al.,* 2011; Karthikeyan et al., 2015; Susan et al., 2007; Brownlee et al., 2012;). *Amphiroa anceps* mostrou atividade antagonista contra *Yersinia* sp., *Streptococcus* sp. e *Vibrio* sp (Lubobi et al., 2016). *A Ecklonia stolonifera* melhorou o controlo glicémico num modelo de ratinho diabético não dependente de insulina (Iwai 2008). As propriedades anti-inflamatórias de um extrato rico em florotaninos de

Ecklonia cava também foram demonstradas *in vitro* (Shin et al., 2006). *Caulerpa* sp., *Corallina* sp., *Hypnea charoides*, *Padina arborescens* e também têm uma elevada atividade antiviral contra o HSV tipos 1 e 2, mantendo baixos níveis de citotoxicidade (Zhu et al., 2003; Smit, 2004). *A Colpomenia sinuosa* (alga castanha) induziu um aumento significativo do colesterol sérico total (Wong et al., 1999).

Tal como o Sargassum, as propriedades antimicrobianas e antivirais de outras algas marinhas são conhecidas devido a vários compostos bioactivos que também são constituintes da sobrevivência das espécies em condições climáticas tão adversas. Verificou-se que a alga marinha *Ulva lactuca* contém ácido palmítico esqualeno (Barot et al., 2016). O esqualeno, o tetradecanol, o éster metílico do ácido palmítico, o DTB (Di-Tert-butilfenol), o ácido palmítico e o beta-sitosterol estavam presentes na *Laurencia obtusa* (Barot et al., 2016). Foi relatado que o sulfato de xilomanano de *Nothogenia fastigiata, Aghardhiella tenera* e *Nothogenia fastigiata é* ativo contra o vírus da imunodeficiência humana (VIH), o vírus Herpes simplex (VHS) tipos 1 e 2 e o vírus sincicial respiratório (VSR) (Smit, 2004). As carrageninas, os fucoidanos e as ramnogalactanas sulfatadas isolados de algas marinhas têm uma atividade antiviral substancial contra vírus com envelope, como o herpes e o VIH, tal como referido por Jane & Bradford, (2006). Foi demonstrado que o Carraguard bloqueia o VIH e outras doenças sexualmente transmissíveis *in vitro*. O composto bioativo "Fucoidan" tem propriedades antivirais potentes contra vírus como o RSV, o VIH, o HSV tipos 1 e 2 e o citomegalovírus humano, tal como referido por Malhotra et al., (2003). Os fucoidanos isolados de *Fucusvesiculosis, Undaria* e *Laminaria* são agentes antivirais altamente eficazes (Moon & Kim, 1999). O aciclovir (ACV) e os seus derivados constituem o grupo de medicamentos mais comum utilizado contra as infecções por herpes e são isolados de *Undaria* (Riou et al., 1996).

Mecanismo de ação de medicamentos antimicrobianos de *Sargassum* sp. e de outras algas marinhas

No decurso da alteração do estilo de vida, dos hábitos alimentares, das condições de vida pouco higiénicas e da utilização extensiva de drogas sintéticas e de produtos químicos contra numerosas estirpes patogénicas, vários microrganismos desenvolveram novas estratégias para escapar à ação dos antibióticos, dando origem a múltiplas estirpes microbianas resistentes aos medicamentos. Com o aumento da resistência dos agentes patogénicos aos antibióticos, existe uma prioridade de saúde pública para explorar e desenvolver agentes antimicrobianos naturais mais baratos e eficazes com melhor potencial, menos efeitos secundários do que os antibióticos sintéticos, boa biodisponibilidade e toxicidade mínima (Thanigaivel et al., 2015). Os organismos marinhos produzem uma variedade de compostos com actividades farmacológicas, incluindo anticancerígenas, antimicrobianas, antifúngicas, antivirais, anti-inflamatórias, etc., e são fontes potenciais de novos agentes terapêuticos (Pérez et al. 2016). As algas marinhas ou macroalgas fornecem uma grande variedade de metabolitos e compostos bioactivos naturais com atividade antimicrobiana, tais como polissacáridos, ácidos gordos polinsaturados, carotenóides, florotaninos e outros compostos fenólicos (Pérez et al. 2016).

Foi postulada uma série de mecanismos para o potencial biológico de compostos obtidos de espécies do género Sargassum e de outras algas marinhas. Inclui a redução da membrana plasmática, a lise celular, a ligação de esteróides biliares, a atividade antioxigénica, a ligação de materiais tóxicos, a indução de apoptose, a inibição da adesão celular, o precipitado proteico, o bloqueio do fornecimento de componentes celulares essenciais, etc. (Richardson, 1993; Pati et al., 2016; Shannon & Abu-Ghannam, 2016; Pérez et al. 2016; Egan et al., 2013). Uma representação diagramática de diferentes mecanismos de inibição de agentes patogénicos e outras actividades por Sargassum é mostrada nas Figuras 9 e 10. Como discutido anteriormente, vários grupos funcionais químicos em algas marinhas, tais como clorotaninos, ácidos gordos, péptidos, terpenos, polissacarídeos, poliacetilenos, esteróis, alcalóides indol, ácidos orgânicos aromáticos, ácido chiquímico, policetídeos, hidroquinonas, álcoois, aldeídos, cetonas e furanonas halogenadas foram relatados como inibidores de células microbianas (Shannon & Abu-Ghannam, 2016).

Foi relatado que as propriedades antibacterianas dos florotaninos se devem à inibição da fosforilação oxidativa e à sua capacidade de se ligar a proteínas bacterianas, como enzimas e membranas celulares, causando a lise celular (Shannon & Abu-Ghannam, 2016; Wang et al., 2009).

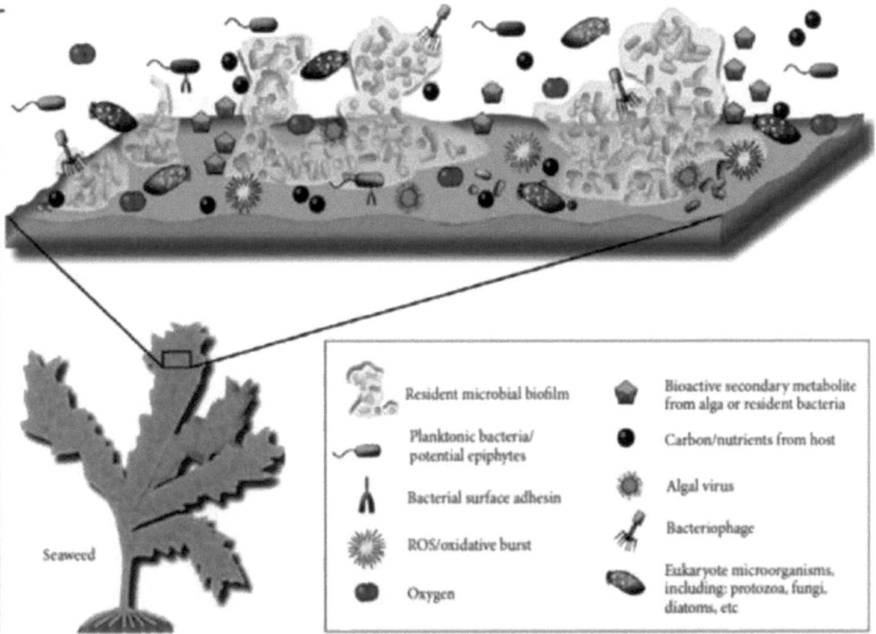

Figura 9: As algas marinhas como fontes de metabolitos secundários (Fonte: Egan et al., 2013)

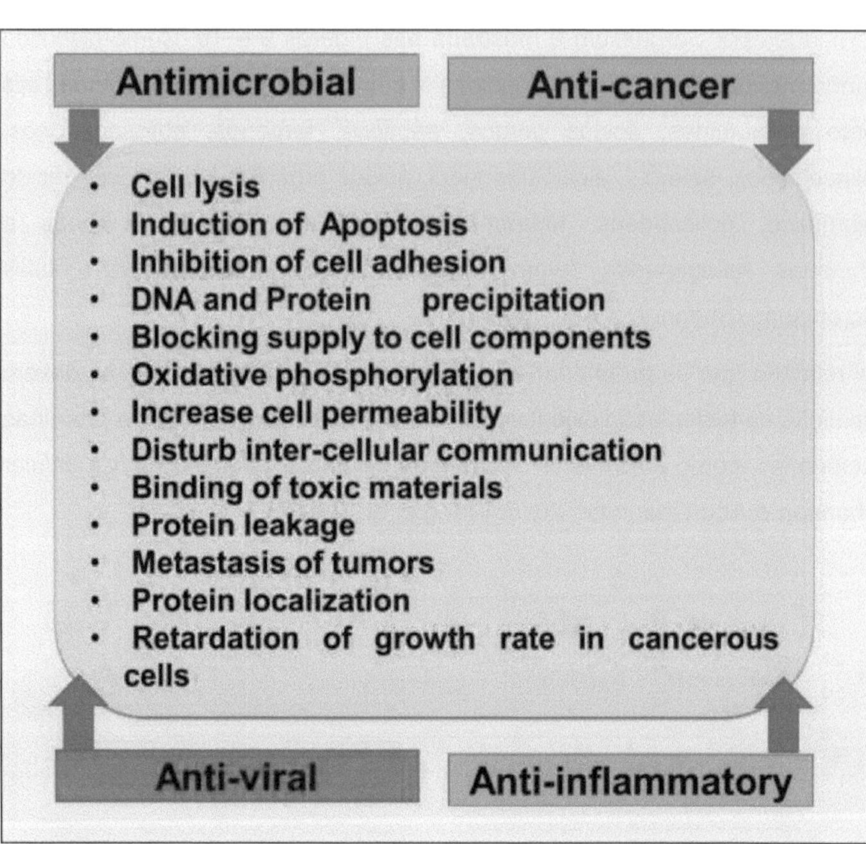

Figura 10: Mecanismo de ação dos compostos bioactivos obtidos a partir de Sargassum sp.

Os ácidos gordos de Sargassum *vulgare* e os extractos de éter dietílico de *Sargassum fusiforme* actuam como inibidores da cadeia de transporte de electrões e da fosforilação oxidativa normal nas membranas celulares bacterianas contra *Campylobacter jejuni, Escherichia coli, Salmonella enterica,. Enteritidis, Salmonella enterica*, *Arcobacter butzleri, Staphylococcus aureus*, *Klebsiella pneumoniae* e *Lactobacillus johnsonii* (Ely et al, 2004, Barbosa et al. 2014; El Shafay et al., 2016).

Propõe-se que a ação antibacteriana dos polissacáridos sulfatados de Sargassum e de outras algas marinhas se deva aos receptores de glicoproteínas presentes na superfície celular dos polissacáridos que se ligam a compostos da parede celular bacteriana, da membrana citoplasmática e do ADN. Isto resulta num aumento da permeabilidade da membrana citoplasmática, fuga de proteínas e precipitação do ADN bacteriano (Cavallo et al., 2013, Bansemir et al, 2006). Além dos polissacarídeos sulfatados, os oligossacarídeos obtidos por despolimerização de polissacarídeos de algas marinhas também induzem proteção contra infecções virais, fúngicas e bacterianas em plantas (Wang et al., 2008; Pérez et al. 2016; Vera et al., 2011). Vários polissacáridos, como a xilose, a manose, a arabinose, a galactose e a glucose, estão envolvidos em eventos biológicos, como a localização de proteínas nas superfícies celulares, o controlo da proteólise, a modulação da angiogénese e da metástase de tumores e a oligomerização de factores de crescimento celular. Polissacarídeos sulfatados também foram relatados como responsáveis pela atividade antiviral de *Sargassum fluitans* contra Echovirus 9, Poliovirus 1, vírus Coxsackie (Rey et al., 2016).

As lactonas, um grupo de ésteres cíclicos, incluindo as "Furanonas", são excelentes sensores de quorum e têm efeitos na interferência com a comunicação intercelular bacteriana em *Pseudomonas aeruginosa* e *Escherichia coli* in vitro, *Campylobacter jejuni.*

Terpenos como as xantofilas, a fucoxantina e a bromofaerona extraídos de *Callophycus serratus* e *Turbinaria triquetra* (algas verdes) *Ulva lactuca*, *Sphaerococcus coronopifolius* e *Laurencia obtuse* (algas vermelhas) têm sido utilizados eficazmente para inibir *Escherichia coli, Pseudomonas aeruginosa, Staphylococcus aureus* e *Candida albicans*, ligando-se às membranas celulares bacterianas devido à sua natureza polar (Horta et al., 2014; Mendes et al., 2013). Beaulieu et al., 2010 relataram uma inibição significativa do crescimento de *Staphylococcus aureus, Listeria monocytogenes, Escherichia coli* e *Salmonella typhimurium* com extração assistida por ultrassom de laminarina das algas marinhas marrons irlandesas

Ascophyllum nodosum e *Laminaria hyperborea*.

As proteínas e os polipéptidos extraídos das algas marinhas são capazes de se ligar a sítios polares e não polares das membranas citoplasmáticas bacterianas, interferindo assim nos processos e na propagação celular (Dubber et al., 2008; Boisvert et al., 2015). As propriedades antitumorais e citotóxicas das espécies do género Sargassum pertencem geralmente a quatro tipos estruturais: policetídeos, terpenos, compostos contendo azoto e polissacáridos (Mayer et al., 2001; Zandi et al., 2010). A atividade anticancerígena dos fucoidanos extraídos de diferentes espécies do género *Sargassum* no Vietname indicou que os seus compostos sulfatados desempenham um papel importante na sua atividade antitumoral através da redução ou retardamento da taxa de crescimento de linhas celulares cancerígenas e da prevenção da taxa de formação de células cancerígenas (Ly et al., 2005). Os polissacáridos de Sargassum também foram referidos como tendo atividade antitumoral (Noda et al., 1989). A atividade das propriedades antimicrobianas, antitumorais e citotóxicas depende de factores como a sua distribuição, influências ambientais, método de extração e solvente, polaridade do solvente, peso molecular, densidade de carga, teor de sulfato (em polissacáridos sulfatados) e aspectos estruturais e de conformação, capacidade de ligação e precipitação de proteínas (Vera et al., 2011).

Aplicações comerciais de algas marinhas e *Sargassum* sp.

Entre as diferentes espécies de algas castanhas exploradas comercialmente, *Sargassum sp.* é a que tem sido amplamente utilizada em vários sectores de subsistência, desde alimentos a combustíveis e medicamentos a cosméticos (Ganapathi et al., 2013; Buzà-Jacobucci & Pereira-Leite, 2014; Thirumalairaj et al., 2014; Tamayo & Rosario, 2014). As algas marinhas, particularmente as do género *Sargassum,* contribuem substancialmente para a produção primária marinha e fornecem habitat para as comunidades bentónicas próximas da costa. *Os Sargassums* estão amplamente distribuídos nos oceanos temperados e tropicais do mundo. Ao longo das águas costeiras, crescem quase como erva em grandes áreas, estendendo-se por centenas de quilómetros. Os densos povoamentos vegetativos de algas rochosas, musgo irlandês e algas são ecologicamente muito importantes para outra flora e fauna da costa rochosa, fornecendo alimento e abrigo a muitos organismos marinhos (Mehdinezhad et al., 2016; Susan et al., 2007).

Alguns animais dependiam diretamente das algas para a sua alimentação, como os ouriços-do-mar verdes (*Strongylocentrotusdroe bachiensis*), as pervincas (*Littorina littorea*) e o mexilhão-verde. Quando se decompõem, enriquecem as águas, acrescentando-lhes matéria orgânica dissolvida e particulada, contribuindo assim para o teor de nutrientes dos mares e oceanos. Desde há séculos que o homem tem vindo a capturar várias espécies de Sargassum, nomeadamente no Japão, na China, na Tailândia e na Coreia, onde fazem parte da sua alimentação de base. O seu valor industrial, humano e agrícola é imenso desde tempos imemoriais, especialmente nos países orientais. Ganharam proeminência durante o século 13th , após a descoberta do ágar-ágar no Japão e do ácido algínico no continente europeu (Susan et al., 2007; Selvaraj & Shivakumar, 1998).

Na Índia, as algas marinhas ganharam importância com o desenvolvimento do ágar-ágar como agente gelificante durante a Segunda Guerra Mundial.

Após o advento do Central Salt and Marine Chemical Research Institute (CSMCRI), tecnologias comerciais para ágar-ágar, ácido algínico, carragenina e LSF, a importância da riqueza de algas marinhas na costa indiana, especialmente na costa sul da Índia, foi grandemente percebida. Consequentemente, um estudo sistemático sobre a avaliação dos recursos de algas marinhas na costa sul da Índia foi efectuado conjuntamente pelo Central Salt and Marine Chemicals Research Institute e pelo Central Marine Fisheries Institute e pelo Departamento das Pescas, Governo de Tamil Nadu (Selvaraj & Shivakumar, 1998; Satheesh & Wesley, 2012; Ganapathi et al., 2013). Atualmente, centenas de pescadores dedicam-se à colheita de algas marinhas. As algas vermelhas produtoras de ágar, como *Gelidiella acerpsa, Oracilaria adulis, Gracilaria crassa* e *Gracilaria follifera,* são colhidas durante todo o ano, enquanto as algas castanhas produtoras de algina, como *Sargassum* e *Turbinaria,* são colhidas sazonalmente de agosto a janeiro. Na Índia, nas zonas costeiras de Tamil Nadu e em muitos outros locais, as algas marinhas são transformadas em halwa ou utilizadas para fazer papas (Selvaraj & Shivakumar, 1998). Alguns dos sectores em que o Sargassum sp. é amplamente utilizado para fins comerciais são discutidos a seguir;

Sargassum como fonte de alimento

A composição nutricional das algas marinhas varia consoante a espécie, o habitat, a maturidade e as condições ambientais (Ito & Hori, 1989). São utilizadas como alimento humano, especialmente pelas populações costeiras. As algas para alimentação humana provêm principalmente da China, do Japão e da Coreia, sendo quase 94% obtidas por cultivo (McHugh, 1991). As populações japonesa e coreana são os maiores consumidores mundiais de produtos de algas marinhas. Os usos tradicionais da ingestão de algas castanhas na dieta diária são de *Undaria pinnatifida*, vulgarmente conhecida como *wakame, Cladosiphon okamuranus 'Mlozuk: u* e *Mekabu* e de espécies de *Laminaria* (*Laminaria digitata)*, *Undaria pinnatifida* conhecida como *Kombu*. A *Porphyra* (Nori) é a alga marinha mais utilizada de todas. São consumidas cruas, cozidas ou secas com feijão verde adocicado, geleia, gelo picado e leite de coco no sul do Vietname (Zhu et al., 2009; Tsutsui et. al., 2005). As algas verdes *Ulva* sp., *Enteromorpha* sp., *Monostroma* sp., *Caulerpa* sp., *Codium* sp. são normalmente utilizadas como fonte de alimento. Nos países asiáticos, especialmente no Japão, as frondes secas de *Monostroma* sp. e *Enteromorpha* sp. comestíveis são conhecidas como "aonori-green laver-ele ele-lulua-lumi boso". Estas algas são consumidas cruas, secas ou cozinhadas (Lobban & Harrison, 1994; Novaczek, 2001). *O Sargassum fusiforme,* rotulado como *"hijiki"*, é vendido seco, salgado ou fresco e consumido em sopas e pratos de legumes (Raymond et al., 2014).

A nível mundial, cerca de 221 espécies de algas marinhas são utilizadas pela população costeira para diferentes processos de subsistência, das quais 145 espécies (66%) são utilizadas como alimento (Zemke-White & Ohno, 1999). As algas comestíveis têm elevados valores nutricionais e servem como fontes de vitaminas, minerais e fibras dietéticas não calóricas e também como fontes potenciais de ingredientes biológicos activos (Yan et al., 1999; Gamal-Eldeen et al., 2009). Do ponto de vista nutricional, são alimentos de baixo teor calórico, com elevada concentração de minerais (Mg, Ca, P, K e I), vitaminas, proteínas, hidratos de carbono indigestos e baixa concentração de lípidos, elevado teor de aminoácidos essenciais e níveis relativamente elevados de ácidos gordos insaturados (Jimenez Escrig & Cambrodon, 1999; Ambreen et al., 2012). Têm também quantidades significativas (1-3%) de ácidos gordos ómega 3. O Nori, em particular, tem 3% de ácidos gordos ómega 3 e grandes quantidades de vitaminas A e C. Os minerais como o sódio (Na), o cloro (Cl), o enxofre (S), o fósforo (P) e os micronutrientes como o iodo (I), o ferro (Fe), o zinco (Zn), o cobre (Cu), o selénio (Se), o molibdénio (Mo), o fluoreto (F), o manganês (Mn), o boro (B), o níquel (Ni), o alumínio (Al), o cádmio (Cd) e o cobalto (Co) são abundantes em diferentes espécies de algas marinhas. Para além disso, é uma boa fonte de iodo, geralmente mais elevado nas algas castanhas. O teor de cálcio e de proteínas varia de espécie para espécie, mas tem um baixo teor de gordura. Geralmente, as algas verdes e vermelhas têm um elevado teor de proteínas (até 30%), enquanto as algas castanhas têm um teor inferior (até 15%) (Basson & Abbas, 1992; Murugaiyan & Narasimman, 2012; Thomas, 2002; Kolanjinathan et al., 2014; Mantri & Rao, 2005; Dawczynski et al., 2007; Pati et al., 2016; Zailanie & Kartikaningsih, 2016). As vitaminas como B1, B2, B3, B6, B8, B9, B12, C e E estão disponíveis em quantidades significativas em diferentes espécies de algas marinhas (Pati et al., 2016). Uma vantagem adicional das algas marinhas é o facto de serem baixas em calorias e muito adequadas para vegetarianos de todos os tipos. Como as algas marinhas têm um elevado teor de proteínas, estão a ser utilizadas por muitos países como o Japão, a China, a Coreia, a Malásia, a Tailândia, a Indonésia, as Filipinas e outros países do Sudeste Asiático.

Embora os estudos nutricionais tenham demonstrado que as espécies de Sargassum são fontes ricas de proteínas, minerais e outras fibras alimentares comparáveis às dos vegetais terrestres, a decomposição e a poluição e o desequilíbrio dos aminoácidos limitam a aplicabilidade do Sargassum como alimento. O elevado teor de fenólicos, saponinas e metabolitos de taninos é também considerado como uma grande desvantagem na utilização de espécies de Sargassum como fontes alimentares. A composição variável e indefinida, juntamente com a possível presença de poluentes marinhos, pode tornar diferentes espécies de Sargassum inadequadas para a alimentação (Milledge & Harvey, 2016). No entanto, poucas espécies dos géneros Sargassum, tais como *Sargasssum kjellmanianum, S. chinerium, Sargasssum* muticum, Sargasssum *natans, Sargassum pallidum, Sargassum binderi, Sargassum duplicatum, Sargassum longifolium, Sargasssum fusiforme, Sargassum thunbergii, Sargassum fulvellum, Sargassum muticum* e *Sargassum horneriare* são utilizadas como fontes de alimentação em alguns dos países asiáticos e europeus

(Murugaiyan & Narasimman, 2012; Yip et al., 2014; Raymond et al., 2014; Zailanie & Kartikaningsih, 2016).

As algas marinhas como *Ulva* sp., *Enteromorpha* sp., *Caulerpa* sp., *Codium* sp., *Monostroma* sp., *Hydroclathrus* sp., *Laminaria sp.*, *Undaria* sp., *Macrocystis* sp., *Porphyra* sp., *Gracilaria* sp., *Eucheuma* sp., *Laurencia* sp. e *Acanthophora* sp. são amplamente utilizadas na preparação de sopa, salada e caril (Kolanjinathan e al., 2014). As espécies de algas verdes e vermelhas são maioritariamente utilizadas como fontes de alimentos e constituem uma parte importante da dieta humana nas zonas costeiras do mundo. *Ulva fasciata, Turbinaria conoides, Enteromorpha compressa, Monostroma oxyspermum, Cladophora fascicularis, Chaetomorpha media, Codium fragile, Caulerpa sertularioides, Dictyota dichotoma, Porphyra vietnamensis, Amphiroa fragilissima, Gracillaria corticata, Hypnea musciformis, Centroceros clavulatum, Laurencia papillosa, Chondrus crispus, Eucheuma uncinatum, Caulerpa lentillifera, Eucheuma cottonii*, etc. são geralmente consumidos como suplementos alimentares em todo o mundo (Dhargalkar & Pereira, 2005; Murugaiyan & Narasimman, 2012; Zailanie & Kartikaningsih, 2016).

Sargassum como biofertilizante

O aumento contínuo da população humana conduziu a várias formas de poluição. Um desses efeitos adversos nos últimos tempos é a poluição dos solos. Com mais de mil milhões de bocas para alimentar todos os anos, a utilização extensiva de fertilizantes químicos para aumentar a produtividade das culturas causou sérios danos à qualidade do solo, à ecologia dos sistemas agrícolas, à deterioração da qualidade dos produtos, à fraca capacidade de retenção de água do solo, à compactação da estrutura do solo, à baixa matéria orgânica no solo, à toxicidade residual, ao surto de pragas, doenças e ervas daninhas e até reduziu a qualidade nutricional das culturas (Erulan et al., 2009). Têm sido utilizadas várias formas de fertilizantes sintéticos, como a ureia, os NPK, etc., para aumentar o rendimento das culturas de diferentes plantas. Devido aos vários impactos negativos dos fertilizantes químicos, a procura de fontes naturais como fertilizantes tem sido frequentemente encorajada. A aplicação de algas marinhas e extractos de algas marinhas tem sido uma bênção para as indústrias de fertilizantes devido às suas várias propriedades benéficas, tais como biodegradáveis, não tóxicas, não poluentes e não perigosas para o homem, os animais e as aves.

Além disso, as algas marinhas estão facilmente disponíveis, são baratas, eficazes a baixa concentração e abundantes, aumentam a fertilidade do solo e têm uma boa capacidade de retenção de humidade (Zodape *et al.*, 2008; Kumari *et al.,* 2011; Pati et al., 2016). Também foram feitas muitas alegações sobre a utilização de extractos de algas marinhas para uma melhor germinação das sementes e um desenvolvimento mais profundo das raízes, aumento da resistência à geada, aumento da absorção de nutrientes e alteração da composição dos tecidos vegetais, aumento da resistência a doenças fúngicas, redução da incidência de ataques de insectos, maior rendimento, maior prazo de validade dos produtos e melhoria da saúde dos animais quando o gado é alimentado com culturas ou pastagens tratadas (Zodape, 2001). Talvez a utilização mais antiga, mais difundida e mais comprovadamente eficaz das algas marinhas seja como fertilizante. Sempre que a proximidade da costa tornou possível o acesso ao recurso, as algas marinhas foram aplicadas durante muitos séculos na terra como um adubo direto e simples. A partir de 1950, os produtos líquidos à base de algas marinhas permitiram alargar esta prática, tanto a nível geográfico como em termos de utilizações específicas.

A biomassa de algas das espécies *Macrocystis, Laminaria, Ascophyllum* e *Sargassum* é cultivada em massa e é amplamente utilizada como adubo orgânico ou biofertilizante desde as duas últimas décadas em muitos países como França, Espanha, Egipto, Vietname, Tailândia, Indonésia, Filipinas,

Índia, Bangladesh, Malásia, Coreia, Japão e China (Tseng, 1993). Várias espécies de Sargassum são utilizadas como biofertilizante, tais como *Sargassum plagiophyllum, Sragassum wightii, Sargassum tenerimum, Sargassum polycystum, Sargassum vulgare, Sargassum manure,* etc. Foi relatado que *Sargassum wightii* aumenta o rendimento das culturas de *Vigna radiata, Enteromorpha intestinalis* e *Vigna catajung* através do aumento dos seus constituintes bioquímicos (Erulan et al., 2009).

Sabe-se que *Sargassum polycystum* melhora o crescimento e a composição bioquímica de *Cajanus cajan* através de uma maior germinação de sementes, comprimento de rebentos, comprimento de raízes, peso fresco e peso seco (Erulan et al., 2009). Descobriu-se que *Sargassum wightii* e *Kappaphycus alvarezii* aumentam o rendimento de *Vigna sinensis* e *Phaseolus radiata*, respetivamente (Sivasankari et al. 2006; Zodape et al. 2010). Dhargalkar & Untawale (1983) também registaram resultados semelhantes com *Hypnea musciformis, Spatoglossum aspperum* e *Sargassum* no crescimento de culturas como *Capsicum frutescens, Brassica rapa* e *Anans comosus. Sargassum vulgare* e *Codium tomentosum* identificados como potenciadores de crescimento em *Triticum aestivum* quando administrados como biofertilizante de acordo com Kumar & Sahoo, 2011 e Mohy El-Din, 2015. A composição de *estrume de* algas *Sargassum* e micróbio *Bacillus sp.* também foi relatada para melhorar o crescimento e os constituintes bioquímicos de *Vigna radiat.* Demonstrou um crescimento superior em relação às plantas fornecidas apenas com o estrume de *Sargassum.* Os biofertilizantes micorrízicos disponibilizam determinados elementos às plantas hospedeiras, aumentam a longevidade e a área de superfície das raízes, reduzem a reação das plantas ao solo e às tensões e aumentam a resistência das plantas. A utilização da bactéria juntamente com o *estrume de Sargassum parece fazer* desta combinação uma alternativa eficiente e ecológica aos fertilizantes químicos convencionais (Elumalai & Rengasamy, 2012).

Para além do Sargassum, outras espécies que são utilizadas para melhorar a fertilidade do solo e aumentar a produção de adereços incluem *Fucus vesiculata, Furcelaria fastigiata, Hypnea musciformis, Ascophyllum nodosum, Ulva lactuca, Durvillea potatorum, Padina pavonica, Champia, Turbinaria, Helminthocladia, Laminaria saccharinia, Fucus serratus, Fucus vesiculosus, Pterocladia radiata, Ecklonia radiata, Padina tetrastomatica, Caulerpa recemosa* e *Gracilaria edulis* (Sekar et al., 1995; Ventataraman et al., 1993; Zodape, 2001). A percentagem de germinação de sementes de *Plantago lanceolata, Trifolium repens* e *Avena strigosa* aumentou significativamente quando incubadas com solução de *Laminaria digitata* (Thorsen et al., 2010). *Chaetomorpha antennina* e *Rosenvingea intricate* também aumentam a taxa de crescimento e o rendimento da produção de *Abelmoschus esculentus* e *Raphanus sativus* (Thirumaran et al., 2007). *Verificou-se* que *Gracillaria edulis, Laurencia obtusa*, *Corallina elongata* e *Jania rubens* aumentam o comprimento da raiz em *Vigna unguiculata* e *Zea mays*, respetivamente (Safinaz & Ragaa, 2013; Lingakumar et al., 2002).

As algas marinhas como biofertilizantes aumentam a produtividade das culturas através de processos como a fixação de azoto, a solubilização de fosfato e a produção de hormonas vegetais (Pereira & Verlecar, 2005). Os biofertilizantes aumentam as propriedades físico-químicas dos solos, como a sua textura, estrutura, capacidade de retenção de água, capacidade de troca catiónica e pH, fornecendo vários nutrientes e matéria orgânica suficiente. As algas marinhas que têm sido utilizadas comercialmente para fins agrícolas são Maxicrop (Seaborn), Algifert (Marinure), Goemar GA 14, Kelpak G6, Seaspray, Seasol, SM3, Cylex e Seacrop 16, Algistim e Cytokin (Reitz & Trumble, 1996; Zodape, 2001). Os extractos de algas marinhas contêm macronutrientes, oligoelementos, substâncias orgânicas, hormonas de crescimento das plantas, reguladores, promotores de hidratos de carbono, aminoácidos, antibióticos, ácido abscísico, etileno, poliaminas e betaínas, auxinas, giberelinas e vitaminas que, consequentemente, aumentam o rendimento e a qualidade das culturas, induzem a germinação das sementes, a resistência às geadas, aos ataques de fungos e insectos (Erulan et al, 2009; Crouch & Staden, 1993; Prasad et al., 2010; Yokoya et al., 2010). Também contêm substâncias essenciais como aminoácidos e têm níveis relativamente elevados de azoto, potássio, sódio, manganês, cálcio, magnésio, ferro, zinco, cobre, cobalto, cádmio, crómio, níquel e chumbo (Mohy El-Din, 2015).

Sargassum como bio-etanol

O petróleo e os seus produtos têm sido efetivamente utilizados em várias actividades do nosso dia a dia. Com o desenvolvimento dos motores a diesel e a gasolina, a sua utilização aumentou consideravelmente e, atualmente, a economia de todos os países depende dos produtos petrolíferos. No entanto, a utilização contínua de petróleo também levou ao aumento dos preços dos combustíveis fósseis, a questões de segurança nacional e a preocupações ambientais, o que levou a um interesse esmagador entre os investigadores em desenvolver processos economicamente viáveis para a produção de combustíveis alternativos para os transportes (Wi et al., 2009; Nahar, 2011). As tentativas anteriores a este respeito basearam-se na extração de biocombustível a partir de óleo vegetal puro derivado da cana-de-açúcar, milho, soja, batata, trigo e beterraba sacarina, que se revelou insustentável devido à concorrência com as fontes de alimentação humana (Hill et al., 2006; Ozçimen & inan, 2015). O uso de resíduos agrícolas e resíduos de palmeiras para a produção de etanol em regiões tropicais também criou um grande potencial para a produção de etanol a partir de resíduos e os resultados são encorajadores como fontes alternativas de holocelulose, alfa-celulose e conteúdo de alginato (Jelynne et al., 2014).

No entanto, a utilização de macroalgas (algas marinhas) como fonte potencial de biocombustíveis tem sido a mais bem sucedida e tem atraído também um interesse considerável a nível mundial. As macroalgas são uma matéria-prima promissora para o bioetanol devido à sua rápida taxa de crescimento e grande produção de biomassa, com uma produtividade superior à de muitas culturas terrestres. Uma vez que as algas castanhas, em particular a alga gigante, crescem muito rapidamente e amplamente em ambientes marinhos costeiros e estuarinos, podem ser potencialmente exploradas por diferentes países para produzir bioetanol (álcool combustível) e assim reduzir a dependência das importações de petróleo e aumentar a segurança energética (Goh & Lee, 2010). Para a produção de bioetanol, o subtrato mais essencial é a presença de moléculas de açúcar e as macroalgas com elevado teor de hidratos de carbono são um candidato promissor para a produção de bioetanol, tendo sido já relatados 30-50% nas algas castanhas, 30-60% nas algas vermelhas e 25-50% nas algas verdes (Hill et a., 2006). Para além do seu elevado teor de hidratos de carbono, possuem também outras características úteis, tais como serem facilmente biodegradáveis e não possuírem lenhina, não competirem com as culturas terrestres para a alimentação humana e animal e reduzirem os níveis de gases com efeito de estufa, uma vez que a assimilação da biomassa pelas culturas de matérias-primas pode utilizar o dióxido de carbono atmosférico. Além disso, o etanol é menos tóxico e é facilmente biodegradável e a sua utilização produz menos poluentes atmosféricos em comparação com o combustível de petróleo (Tamayo & Del Rosario, 2014; Khan & Noreen, 2015; Obata et al., 2016).

Atualmente, a utilização de bioetanol é proeminente em países como o Brasil, os EUA e o Canadá (Taylor, 2008). Várias espécies de algas pardas, particularmente Sargassum, são utilizadas para a produção de bioetanol devido à sua rica fonte de polissacarídeos, como laminarina, manitol, alginato e celulose, que representam um recurso bioenergético sustentável. As algas castanhas também não possuem lignina e contêm baixas quantidades de celulose, o que torna mais simples, em comparação com as plantas terrestres, a sua conversão microbiológica em biocombustíveis

(Adams et al., 2011). Sargassum *sagamianum, Sargassum horneri, Sargassum tenerrimum, Sargassum muticum, Sargassum crassifolium, Sargassum latissima* são algumas das espécies do género Sargassum que são utilizadas para a produção de bioetanol (Borines et al., 2013; Balboa et al., 2015; Khan & Noreen, 2015). Outras espécies do grupo das algas vermelhas e verdes que são utilizadas como subtratos ou fontes de extração de bioetanol incluem *Cystoseira indica Laminaria* sp, *Laminaria hyporbea, Laminaria hyperborea, Laminaria japonica, Laminaria digitata, Scophyllum nodosum, Undaria pinnatifida, Ulva pertusa, Ulva lactuca, Ulva fasciata, Gracilaria verrucosa, Gracilaria salicornia, Saccharina longicruris, Saccharina latissima, Alaria crassifolia, Alaria esculenta, Dilphus okamurae, Alaria crassifolia*, *Prymnesium parvum*, *Euglena gracilis*, *Gelidium amansii, Gelidium corneum, Gelidium elegans, Chaetomorpha linum* (Schiener et al., 2014; Tamayo & Del Rosario, 2014; Borlnes et al., 2013; Balboa et al., 2015; Khan & Noreen, 2015). *As* estirpes microbianas comuns que estão associadas às algas marinhas para a hidrólise do açúcar e a produção de bioetanol são *Lactobacillus, Candida*, *Escherichia coli, Pichia stipitis, Pichia angophorae*, *Saccharomyces cerevisiae, Pichia* (*Scheffersomyces*) *stipitis, Kluyveromyces marxianus, Clostridium, Cellulomonas, Bacillus, Thermomonospora, Ruminococcus, Bacteriodes, Erwinia, Acetovibrio, Microbispora, Streptomyces, Trichoderma, Penicillium, Fusarium, Phanerochaete, Humicola, Schizophillum sp. Zymobacter palmae*, etc. (Ozçimen & inan, 2015; Schultz-Jensen et al., 2013; Cheng et al., 2006 ; Obata et al.,2016; Kumar et al., 2013).

O Sargassum é o género de alga castanha mais conhecido a ser utilizado para a síntese de etanol. O etanol é produzido a partir de vários hidratos de carbono extraídos do *Sargassum* utilizando fermentações de substrato único e de substrato misto. Estudos demonstraram que o processo de libertação de açúcares da biomassa de algas pode ser melhorado pela combinação de hidrólise ácida e tratamento com um cocktail de diferentes enzimas (Adams et al., 2011). A produção de bioetanol a partir de algas marinhas envolve geralmente o pré-tratamento das algas (maceração), a quebra dos polissacáridos em moléculas de açúcar simples (açúcar redutor) através de hidrólise enzimática ou ácida e a fermentação através de fontes microbianas (Schultz-Jensen et al., 2013). Uma representação esquemática do processo de extração de bioetanol a partir de algas marinhas é apresentada na **Figura 11**.

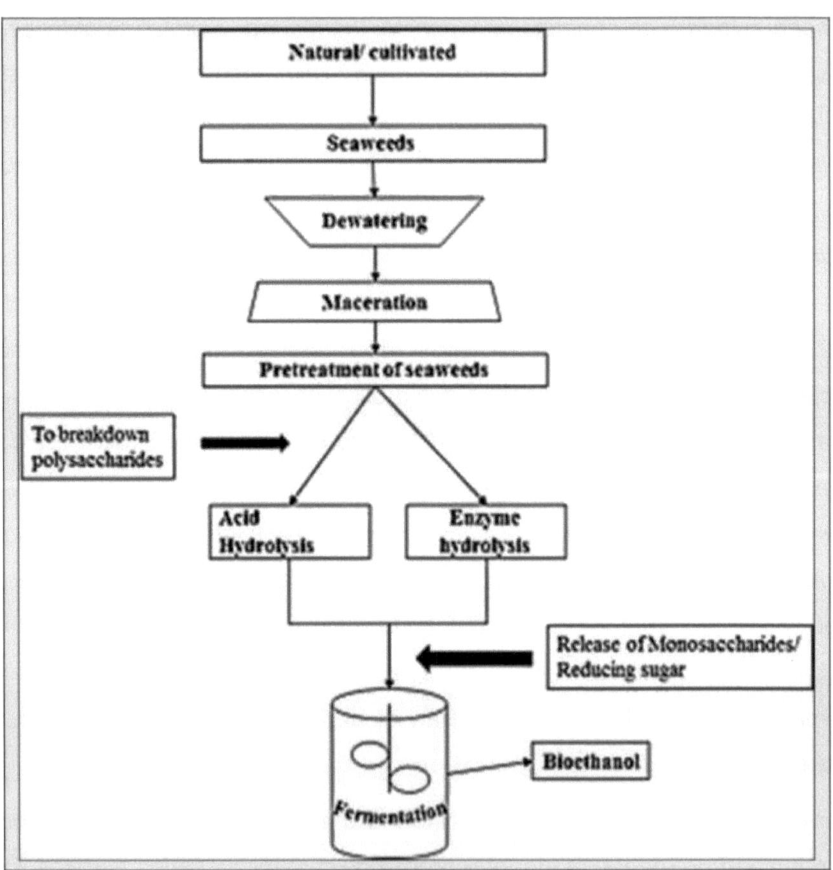

Figura 11: Processo de produção de bioetanol a partir de algas marinhas

Apesar dos méritos ambientais e económicos das algas marinhas, existem desafios durante a extração de biocombustível devido à arquitetura única dos hidratos de carbono, distinta da biomassa terrestre das algas marinhas (Roseeijadi et al., 2010). Estas unidades de hidratos de carbono estão ligadas umas às outras e afectam a conversão enzimática. Outros factores podem incluir a alteração do grau de polimerização, a cristalinidade da celulose, a acessibilidade do substrato, a lenhina, o teor de hemiceluloses e o tamanho dos poros (Borines et al., 2013; Balboa et al., 2015). No entanto, com a crescente tecnologia e as melhorias em vários domínios da ciência, considera-se que esses factores serão ultrapassados num futuro próximo e garantirão a fácil disponibilidade de biocombustíveis limpos. Ao assegurar a disponibilidade de energia alternativa e renovável a partir de matérias-primas autóctones, como as macroalgas, os países não só se tornariam menos dependentes dos combustíveis fósseis, como também se tornariam mais sustentáveis, sem causar qualquer perigo para o ambiente ou ameaça à segurança alimentar.

Atividade inseticida de Sargassum sp.

Sargassum wightii (Greville ex J. Agardh) (SW) e *Padina pavonica* (Linn.) Thivy (PP) foram avaliadas contra *Dysdercus cingulatus* (Fab.). Os resultados de GC-MS revelaram que *S. wightii* mostrou a presença de estigmastan-6, 22-dien, 3, 5-dedihydro- (71,34%) (Asaraja & Sahayaraj, 2013).

Alguns estudos importantes sobre antioxidantes e antimicrobianos no Sargassum sp. efectuados pelo nosso grupo

Recolha de amostras

As algas marinhas foram colhidas na costa de Goa, na região entre-marés, durante a maré baixa (0,26). A recolha das algas foi efectuada entre a Latitude 15°27'00 87" N e a Longitude 73°48'11. 58"E na região de Dona Paula em Goa, Índia (Figura 12).

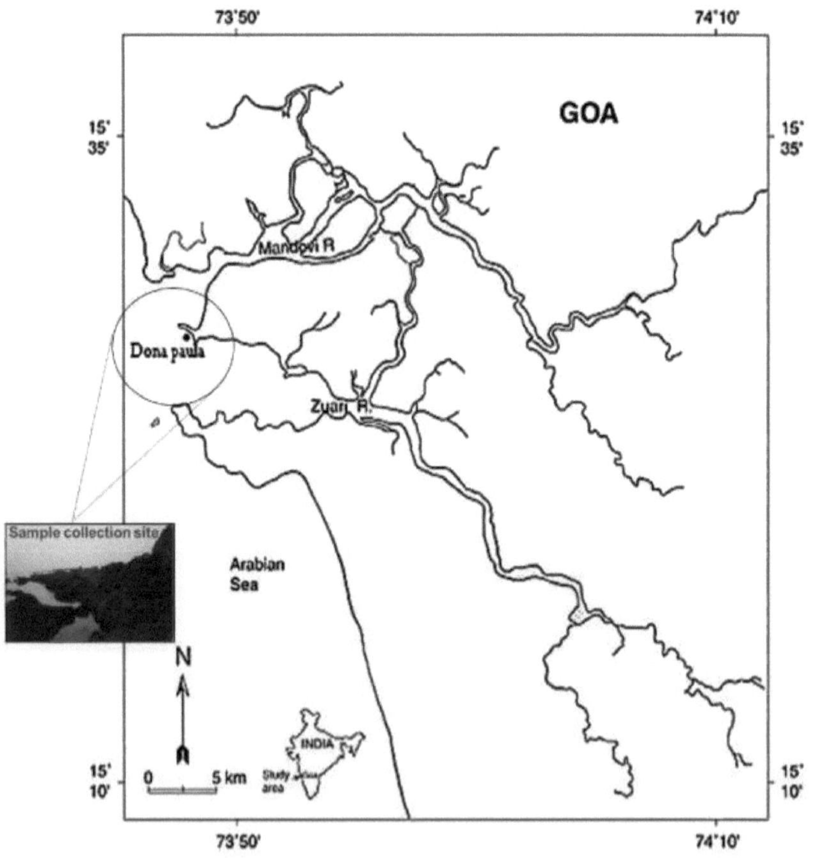

Figura 12: Localização do local de recolha de *Sargassum* sp. do fundo

marinho rochoso de Dona Paula, Goa, costa ocidental da Índia.

Preparação do extrato de algas marinhas

As algas marinhas foram secas à temperatura ambiente, pulverizadas e peneiradas. A amostra em pó foi dissolvida com metanol (1:10 p/v) e mantida à temperatura ambiente durante uma noite. O resíduo foi filtrado através de um pano de algodão de quatro camadas e concentrado num evaporador rotativo Heidolph Laborata 4000.

O extrato foi então seco à temperatura ambiente. A amostra seca foi dissolvida em água duplamente destilada filtrada pela Millipore e armazenada a -20^0 C até nova utilização (Figura 13). Os métodos foram descritos em pormenor em Patra et al. (2008).

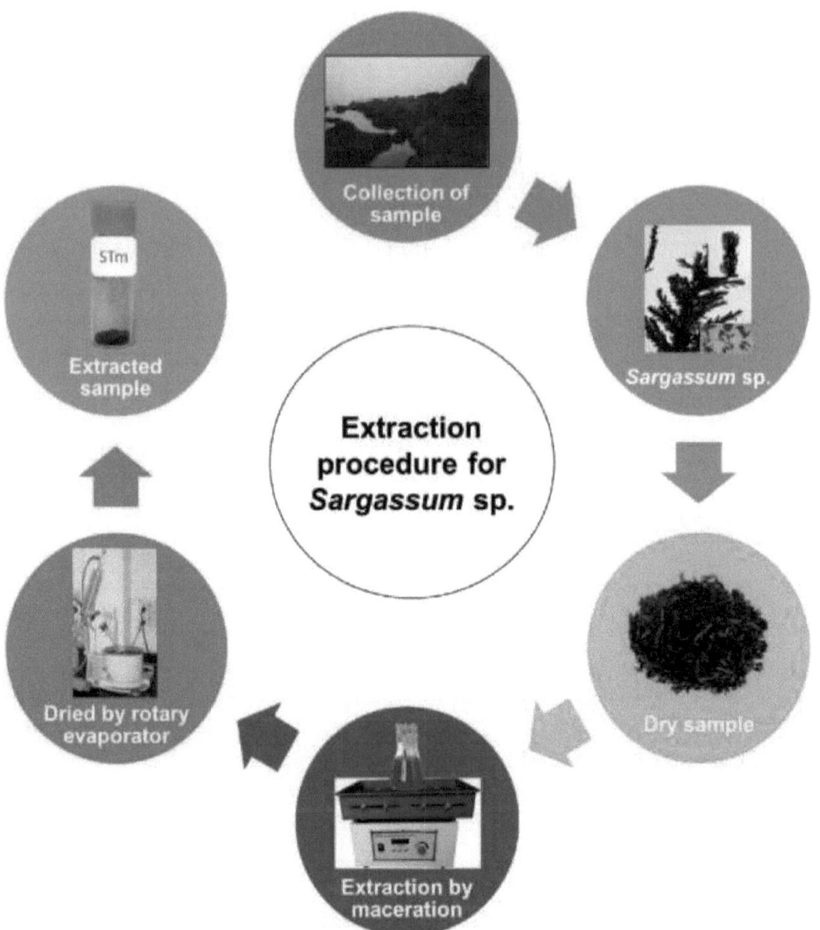

Figura 13: Diagrama esquemático da preparação do extrato metanólico de *Sargassum* sp.

Preparação das fracções mitocondriais

As amostras de fígado de ovino foram compradas num matadouro próximo, em caixas de gelo, e imediatamente transferidas para o laboratório. No laboratório, as amostras foram lavadas cuidadosamente com tampão fosfato 50 mM gelado, pH 7,4. Em seguida, os tecidos foram homogeneizados (20% W/V) em tampão fosfato gelado pH 7,4 num homogeneizador motorizado e filtrados através de um pano de algodão de duas camadas. O filtrado foi centrifugado a 700 rpm durante 10 minutos, seguido de centrifugação durante 10 minutos a 10.000 rpm a 4° C para obter a palete mitocondrial. A fração mitocondrial (MTF) foi armazenada num congelador a -200C até ser utilizada. Os sobrenadantes foram considerados como as fracções microssomais (MSF). A separação das duas fracções foi efectuada de acordo com os métodos descritos por Lin e Fishman (1972), com ligeiras modificações.

Estimativa do teor proteico

O teor de proteínas de ambas as fracções mitocondriais (MTF e MSF) foi estimado pelo método padrão de Lowry et al. (1951). Em cada tubo, retirou-se 0,1 ml da amostra de ensaio e o volume foi completado até 0,5 ml com água bidestilada, depois adicionou-se 5,0 ml de reagente de biureto, misturou-se bem e deixou-se repousar durante 10 minutos à temperatura ambiente. Em seguida, adicionou-se 0,5 ml de reagente de fenol Folin-Ciocalteau e misturou-se bem. Agitou-se novamente em vórtice e manteve-se à temperatura ambiente durante 30 minutos. A cor azul foi lida contra um branco adequado a 700nm no espetrofotómetro. A albumina de soro bovino (1mg/ml) foi utilizada como padrão. A concentração de proteínas foi expressa em mg/ml de fração mitocondrial.

Avaliação do potencial antioxidante de Sargassum sp.

Inibição da peroxidação lipídica pelo teste do ácido tiobarbitúrico

A peroxidação lipídica da fração mitocondrial (MTF e MSF) foi induzida utilizando uma solução de sulfato ferroso a 200 µm. O produto final da peroxidação lipídica foi quantificado pelo método de Ohkawa et al., (1979). Em meio ácido, o aldeído de Malone (MDA) reage com o ácido tiobarbitúrico (TBA) após ebulição e o aduto MDA-TBA resultante, bem como outras substâncias reactivas ao TBA (TBARS), são absorvidos a 532 nm. A formação do aduto MDA-TBA foi monitorizada por um espetrofotómetro UV-visível, tanto na presença como na ausência do extrato. Os valores de TBARS foram calculados utilizando o coeficiente de extinção de 1,56 x 10-5 M-1 cm-1. A percentagem de inibição da peroxidação lipídica foi calculada a partir do valor de controlo (amostra com indutor).

$$\text{Percentage inhibition of lipid peroxidation} = \frac{A_0 - A_1}{A_0} X\ 100$$

Em que A_0 é a absorvância do controlo e A_1 é a absorvância da amostra - fator de turbidez.

Eliminação do anião superóxido

O anião superóxido foi gerado in vivo, tal como descrito por Paoletti et al (1990). A mistura de ensaio continha, num volume total de 3ml, tampão fosfato 50mM, pH 7,4, NADH 8,4mM, EDTA/MnCl2 140mM/70mM, 0,1ml de amostras de extrato (200-800µg) e β-mercaptoetanol 28mM. Após 16 minutos de incubação a 25^0 C, a diminuição da absorvância foi medida a 340 nm. O ácido ascórbico (20µg) foi utilizado como padrão e a percentagem de eliminação foi calculada a partir do valor de controlo.

$$\text{Percentage of Scavenging of superoxide anion} = \frac{A_0 - A_1}{A_0} X\ 100$$

Em que A_0 é a absorvância do controlo e A_1 é a absorvância da amostra - fator de turbidez.

Eliminação do peróxido de hidrogénio

A capacidade dos extractos aquosos para eliminar o peróxido de hidrogénio foi determinada de acordo com o método de Ruch et al., (1989) com pequenas modificações. Resumidamente, os extractos (200-800µg) em água destilada foram adicionados a uma solução de peróxido de hidrogénio (2,9ml, 20mM). Em seguida, a mistura foi incubada à temperatura ambiente durante 30 minutos e a absorvância do peróxido de hidrogénio foi medida a 240nm. A percentagem de eliminação foi calculada a partir do valor de controlo.

$$\text{Percentage of Scavenging of hydrogen peroxide} = \frac{A_0 - A_1}{A_0} X\ 100$$

Em que A_0 é a absorvância do controlo e A_1 é a absorvância da amostra - fator de turbidez.

Eliminação do radical hidroxilo

O potencial de eliminação do radical hidroxilo do extrato metanólico de Sargassum sp. foi medido espectrofotometricamente em relação à degradação da desoxirribose gerada pela reação de Fenton, de acordo com o método padrão de Kaur e Saini (2000). A mistura de reação final em cada tubo de ensaio consistiu em 0,3 ml de desoxirribose (30 mM), cloreto férrico (1 mM), ácido ascórbico (1mM), H2O2 (20mM) em tampão fosfato pH 7,4 e 0,3 ml de composto de ensaio (200-800 µg / ml) em água destilada. Os tubos de ensaio foram então incubados durante 30 minutos, a 37° C. Após a incubação, foram adicionados ácido tricloroacético (0,5 ml, 5%) e ácido tiobarbitúrico (0,5 ml, 1%) e a mistura de reação foi mantida num banho de água a ferver durante 30 minutos. Em seguida, arrefeceu-se e a absorvância foi medida a 532nm. Os resultados foram expressos como percentagem de eliminação de OH· pelas seguintes expressões:

$$\text{Percentage of Scavenging of hydroxyl radical} = \frac{A_0 - A_1}{A_0} X\ 100$$

Em que A_0 é a absorvância do controlo e A_1 é a absorvância da amostra - fator de turbidez.

Potencial de eliminação do radical livre DPPH

A atividade de eliminação de radicais livres do extrato de algas marinhas foi medida pelo método 2,2- Difenil-1-picrilhidrazil (DPPH) proposto por Hatano et al. (1988). Resumidamente, a mistura de reação consiste no extrato 0,5 ml (200- 800µg / ml), 0,5 ml de DPPH (0,25mM em etanol a 95%). A mistura foi agitada e deixada em repouso à temperatura ambiente durante 30 minutos, seguida da adição de 2 ml de água destilada em duplicado e a absorvância foi medida a 517 nm. A percentagem de inibição foi calculada pelas seguintes expressões:

$$\text{Percentage of Scavenging of DPPH free radical} = \frac{A_0 - A_1}{A_0} X\ 100$$

Em que A_0 é a absorvância do controlo e A_1 é a absorvância da amostra - fator de turbidez.

Determinação da atividade da glutationa-S-transferase (GST) de fígado de carneiro em relação ao CDNB

A atividade da GST do fígado de ovelha foi determinada espectrofotometricamente a 340 nm, monitorizando a formação de tioésteres utilizando o 1-cro-2, 4- dinitrobenzeno (CDNB) como substrato (Habig et al., 1974). Foram preparadas fracções citosólicas de fígado de carneiro, que foram utilizadas como fonte de enzima para medir a atividade da GST em relação ao CDNB (Lin e Fishman, 1972). A atividade enzimática foi calculada com base no coeficiente de extinção do CDNB (9,6 mM^{-1} cm^{-1}) e a percentagem de inibição da GST foi calculada utilizando a seguinte equação

$$\text{Percentage of GST inhibition} = \frac{A_0 - A_1}{A_0} X\ 100$$

Em que A_0 é a atividade do controlo e A_1 é a atividade da amostra.

Efeito do extrato de metanol de Sargassum sp. na clivagem do ADN

Cultura de colónia bacteriana

Foram preparados cerca de 20 ml de meio LB (Luria Bertani Broth, Himedia) utilizando 0,5 g do meio sintético (a composição é Bactro-triptona 1,0 g, extrato de levedura Bactro 0,5 g, NaCl 1,0 g em 1000 ml de água bidestilada). A solução foi esterilizada por autoclavagem a 121° C durante 20 min. Após o arrefecimento, cerca de 50µl de Ampicilina (conc. é 10mg/ml) foi colocado no meio e foi transferido para quatro tubos de cultura esterilizados. Em seguida, uma única colónia bacteriana contendo o ADN do plasmídeo DH5α foi inoculada no meio e mantida em banho-maria com agitação a 37oC durante uma noite (Sambrook & Russel, 2001).

Isolamento do ADN do plasmídeo

Após a incubação nocturna, cerca de 1,5 ml da cultura foram colocados num tubo eppendorf. Centrifugou-se a 8.000 rpm a 4,0oC durante 2 minutos. Em seguida, o sobrenadante foi descartado e, novamente, cerca de 1,5 ml da cultura foi adicionado ao pellet e foi novamente centrifugado a 8.000 rpm a 4,0oC durante 2 minutos. O sobrenadante foi novamente descartado e o pellet foi dissolvido com 100µl de água bidestilada e foi bem misturado.

Em seguida, foram adicionados 100 µl de tampão de lise recentemente preparado e misturados suavemente. Em seguida, foi mantido num banho de água a ferver durante 2 minutos, após o que foram adicionados cerca de 50 µl de MgCl3 1M, foi lentamente misturado e mantido em gelo durante 2 minutos. Em seguida, centrifugou-se a 2000 rpm durante 2 minutos a 40C. Adicionou-se cerca de 50µl de acetato de potássio e manteve-se no gelo durante mais 2 minutos. De seguida, centrifugou-se a 12000 rpm durante 5 minutos.

Em seguida, o sobrenadante foi transferido para um tubo eppendrof fresco contendo 600µl de isopropanol e mantido no gelo durante 10 a 15 minutos. Em seguida, foi novamente centrifugado a 12000 rpm durante 10 minutos a 4,0° C. O sobrenadante foi eliminado e o sedimento foi lavado com etanol a 75% (250 µl) e deixado assim durante 5 minutos. Em seguida, foi centrifugado a 3000 rpm durante 2 minutos. Adicionou-se mais etanol e centrifugou-se a 12000rpm durante 5 minutos a 4oC. Em seguida, o sedimento foi dissolvido em tampão TE (Tris 10mM, EDTA 1,0mM) e mantido a - 20oC para utilização posterior (Sambrook & Russel, 2001).

Experiência

A experiência foi realizada num volume de 10µl contendo ADN de plasmídeo DH5α em tampão fosfato 50mM PH 7,4, na presença de extrato aquoso de algas marinhas a uma concentração de 4000µg⁄ml. Imediatamente antes de irradiar as amostras com luz UV, foi adicionado H2O2 a uma concentração final de 1,0 mM. O volume de reação estava em tampas de tubos PCR de 0,2 ml e foi colocado diretamente na superfície do Gel Doc. System e expostos à radiação UV (a 300 nm) durante 25 minutos. Foi tomada uma mistura de controlo contendo apenas o ADN e outra tratada com toda a mistura de reação, exceto o extrato aquoso de algas marinhas. Após o tratamento, as amostras foram misturadas com 2x tampão de carregamento do gel (0,25% de azul de bromofenol, 0,25% de Xileno cianol FF e 30% de glicerol) e electroforizadas num gel horizontal de agarose a 1% em tampão Tris-borato EDTA a 1x em 60 volts. O gel foi corado com brometo de eithidium (1µg⁄ml) e a fotografia foi capturada no Gel Doc. System (Russo et al., 2003).

Avaliação da atividade antibacteriana do extrato metanólico do *Sargassum* sp.

O potencial antibacteriano do extrato de metanol do *Sargassum* sp. foi avaliado pelo método padrão de difusão em disco, tal como descrito por Hatano et al. (1988). As estirpes patogénicas utilizadas no estudo incluem, Gram positivas (*Staphylococcus aureus* MTCC-96, *Bacillus subtilis* CCR-12 e Gram negativas (*Escherichia coli* MTCC-443). As três estirpes foram obtidas do Institute of Microbial Technology, Chandigarh, Índia, e mantidas pelo Dr. C. Rath, professor do P.G. Department of Botany, North Orissa University,

Índia. As estirpes foram mantidas em meio de ágar nutriente a 4°C.

Antes da utilização, as estirpes foram subcultivadas em meio de caldo nutriente e armazenadas a 37°C durante uma noite na incubadora. Para o ensaio de difusão em disco, foram preparadas placas de ágar nutriente (100 mm de diâmetro) e nelas foram espalhados uniformemente 0,1 ml da cultura da bactéria patogénica cultivada de um dia para o outro com a ajuda de um espalhador dentro de uma capela de fluxo de ar laminar. Foram preparados discos de papel de filtro de 5 mm de diâmetro em papel de filtro Whattman n.º 1 e mergulhados em duas concentrações diferentes do extrato de metanol de Sargassum sp. feito em dimetilsulfóxido (DMSO) (2000 µg/100 µl e 4000 µg/100 µl). Outro conjunto foi mergulhado em 10 µl de Ampicilina a 1000 µg/100 µl tomado como controlo positivo. E o DMSO foi tomado como controlo negativo. O disco de papel com a solução de amostra foi seco durante 5 minutos sob o exaustor de fluxo laminar e, em seguida, foi colocado nas placas de ágar nutriente. Foram utilizadas três placas independentes para o ensaio de cada amostra. Todas as placas foram então incubadas a 37 °C durante 24 h numa incubadora. O diâmetro das zonas de inibição em torno de cada um dos três discos independentes foi registado num calibrador de lâminas e o valor médio expresso em mm foi considerado como a zona de inibição (atividade antibacteriana).

Análise estatística

Os dados foram expressos como o valor médio de três medições independentes com desvio padrão. Os níveis de significância foram avaliados como $P < 0,05$, $P < 0,01$ e $P < 0,001$ usando o teste ANOVA e o coeficiente de variância e o valor crítico de diferenciação também foram obtidos.

Resultado do estudo (Resultados)

Potencial antioxidante do extrato metanólico de Sargassum sp.

Os resultados do estudo antioxidante do extrato metanólico de Sargassum sp. são apresentados a seguir. A inibição da peroxidação lipídica pelo extrato aquoso de algas marinhas foi medida no espetrofotómetro e os resultados são expressos como % de inibição da peroxidação lipídica. Os extractos mostraram uma inibição percentual de 0%, 22,2% e 29,0% para 200,400 e 800 μg/ml respetivamente para MTF e 8%, 13,0% e 47,5% para 200,400 e 800 μgZml respetivamente para MSF (Figura 14A). O extrato de metanol mostrou atividade significativa a 800 μg√ml para MTF e MSF, respetivamente (Figura 14A). O extrato de metanol mostrou proteção dependente da dose contra a peroxidação lipídica (Figura 14A). Da mesma forma, os extratos também mostraram alta atividade de eliminação do radical DPPH (Figura 14 B) e do radical hidroxila de maneira dependente da dose (Figura 15 A). A eliminação do radical livre DPPh foi de 43,7%, 52,6% e 68,4% para 200,400 e 800 μg√ml, respetivamente (Figura 14B). A atividade de eliminação do radical hidroxila foi de 18,4%, 33,39% e 46,14% para 200,400 e 800 μgZml, respetivamente (Figura 15A). A percentagem de inibição da GST também mostrou uma atividade dependente da dose que aumentou com o aumento da concentração do extrato (Figura 15B). A atividade de inibição da GST foi de 54,0%, 74,0% e 79,0% para 200,400 e 800 μgZml, respetivamente (Figura 15B). A ANOVA (análise de variância) para todos os quatro ensaios foi efectuada num desenho completamente aleatório (CRD) em triplicado e apresentada na Tabela 1.

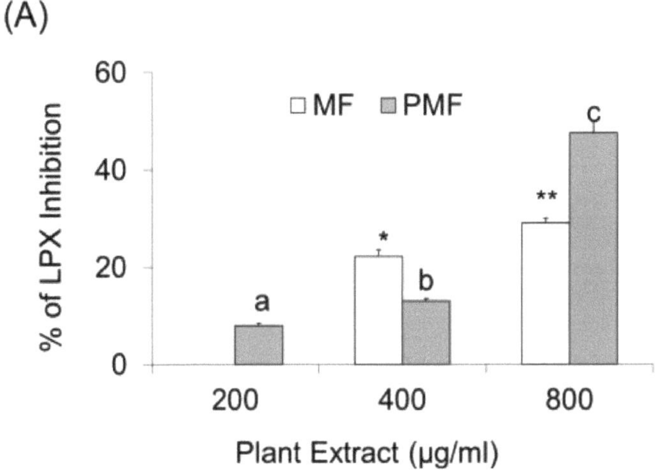

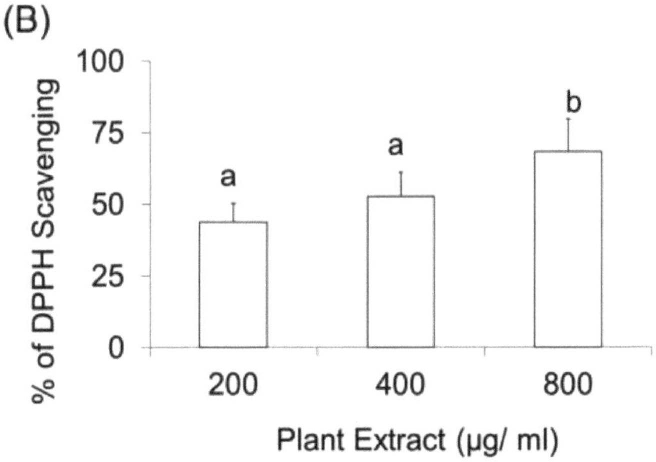

Figura 14: Efeito do extrato na (A) Inibição da peroxidação lipídica, (B) eliminação do radical DPPH. Os dados são expressos como média + DP (n = 3). Os sobrescritos de letras diferentes são significativamente diferentes das respectivas concentrações a P < 0,05.

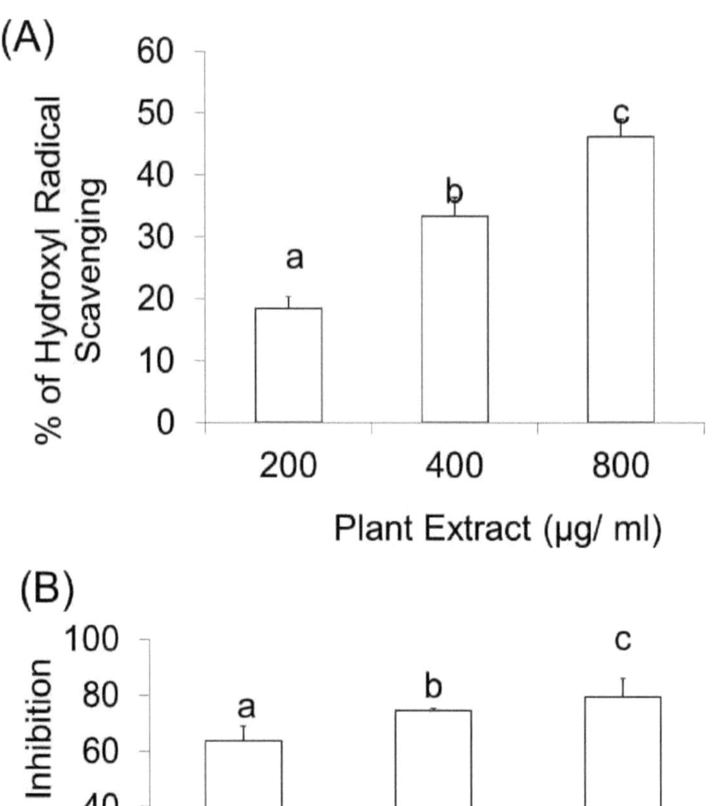

Figura 15: Efeito do extrato na (A) eliminação do radical hidroxilo, e (B) inibição da atividade da glutationa-S-transferase. Os dados são expressos como média + DP (n = 3). Os sobrescritos de letras diferentes são significativamente diferentes das respectivas concentrações a P < 0,05.

Quadro 1: Análise de variância para a atividade de LPX, DPPH, radical hidroxilo e GST

DOSES/ TESTES	INIBIÇÃO DE LPX		Ensaio DPPH	HIDROXILO ELIMINAÇÃO DE RADICAIS	GST Atividade
	MTF	MSF			
200µg/ml	0*	8.0*	43.76667*	18.45333*	63.7667*
400µg/ml	22.2*	13.0*	52.62667	33.39667*	74.433
800µg/ml	29.0*	47.5*	68.41667*	46.14333*	79.433*
Média	17.067	22.166	54.93667	32.664443	72.54423
C.V.(E)	6.409379		10.8157	11.11616	7.172193
C.D (P=0.05)	2.3281869		13.4870032	8.2418382	11.8100794

N:B: C.V.(E) = Coeficiente de variação devido ao erro, C.D. = Diferenciação crítica à probabilidade de 0,05, * = os dados são significativos

Curiosamente, quando a inibição da peroxidação lipídica (LPX) foi traçada contra o radical hidroxilo (OH·), foi observada uma tendência positiva (Figura 16), o que implica que o extrato de metanol de *Sargassum* sp. pode estar a desempenhar um papel importante na proteção das células contra as espécies reactivas de oxigénio ROS.

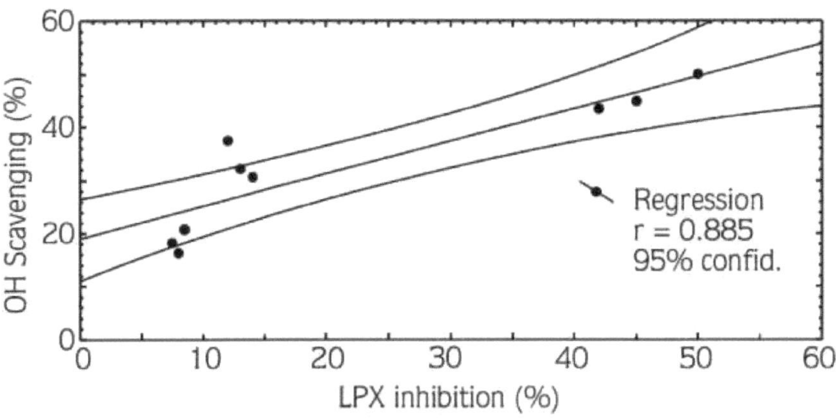

Figura 16: Curvas de correlação entre a atividade de scavenging do LPX vs. a percentagem do radical OH·.

Além disso, a atividade antioxidante também foi avaliada pela atividade de eliminação do anião superóxido e de eliminação do peróxido de hidrogénio. A figura 17A mostra a inibição percentual da geração de radicais superóxidos por 200-800 µgZml do extrato metanólico e a comparação com a mesma concentração de ácido ascórbico. A diminuição da absorvância a 340nm por influência do extrato de Sargassum indicou o consumo de anião superóxido na mistura de reação. Como se pode ver na Figura 17A, a percentagem de inibição dos radicais superóxido pelo extrato metanólico de Sargassum sp. (200-800 µg^l) e pelo ácido ascórbico foi de 8,7%, 11,6%, 25% e 75%, respetivamente. A Figura 17B mostrou que o extrato de metanol era capaz de eliminar H2O2 de uma forma dependente da concentração. O extrato teve uma atividade de eliminação de H2O2 mais forte e, a 800 µg^l, a sua atividade é superior à do BHT padrão.

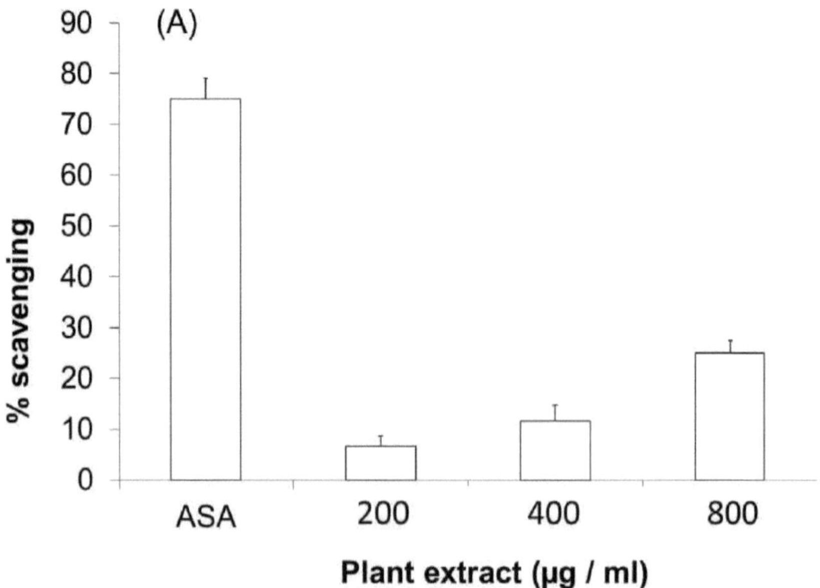

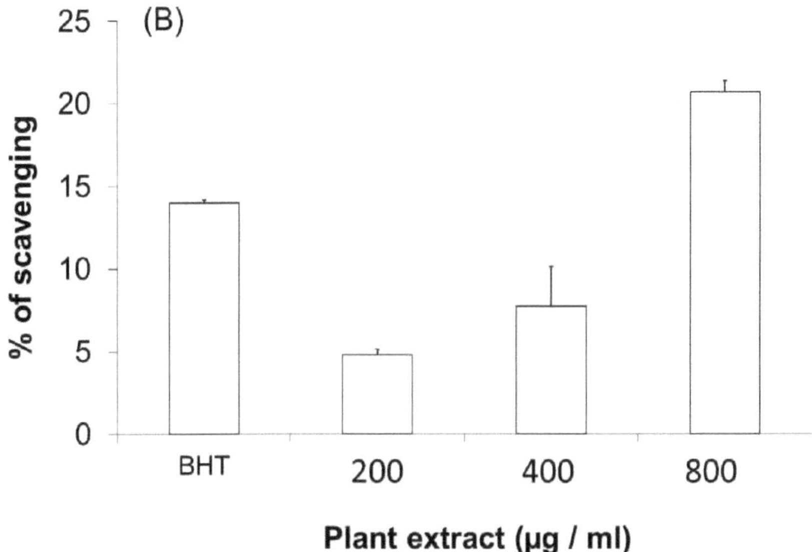

Figura 17: Efeito do extrato sobre (A) radicais superóxido, (B) H2O2.

Efeito do extrato de metanol de Sargassum sp. na clivagem do ADN

A figura 18 mostra o padrão electroforético do ADN após fotólise UV com H2O2 (2,5 mM) na ausência e na presença de extrato de metanol de *Sargassum sp.* a uma concentração de 4 mg/ml. De um modo geral, o ADN derivado do plasmídeo DH5α apresentou três bandas na eletroforese em gel de agarose (pista 1), correspondendo a banda de movimento mais rápido à forma nativa de ADN circular superenrolado (scDNA) e a banda de movimento mais lento à forma circular aberta (ocDNA), sendo a outra banda intermédia o ADN linear (linDNA). No entanto, a radiação UV do ADN na presença de H2O2 (pista-2) resultou na clivagem do scDNA em ocDNA e na forma linear (linDNA), indicando que o OH gerado pela fotólise UV do H2O2 produziu a cisão da cadeia de ADN. E com o tratamento do extrato metanólico de *Sargassum* sp. (Pista 3- 5) juntamente com a mistura de reação de H2O2, suprimiu-se a ação de clivagem do H2O2 e induziu-se uma recuperação parcial do scDNA.

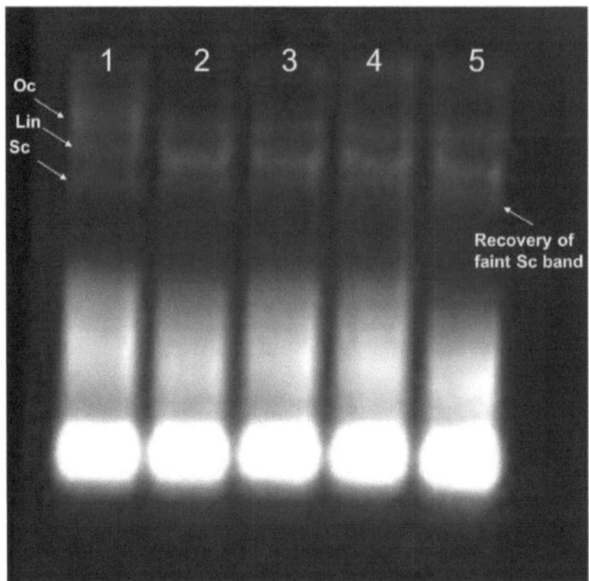

Figura 18: Efeito do extrato de metanol de Sargassum sp. na clivagem do ADN

Lane no.: 1= control (no treatment); 2 =with treatment (final conc. =2.5mM H_2O_2); 3= Ea (1200µg/100µl of compound, final conc. =2.5mM H_2O_2); 4 = Eb (2400µg/100µl of compound, final conc. =2,5mM H_2O_2); 5= Ec (4000µg/100µl de composto, conc. final =2,5mM H_2O_2); Oc = DNA circular aberto, Lin = DNA linear, Sc = DNA super enrolado, E = extrato em metanol de *Sargassum* sp.

Atividade antimicrobiana do extrato metanólico de Sargassum sp.

A atividade antibacteriana do extrato bruto de metanol de *Sargassum* sp. é avaliada em termos da atividade de inibição contra três bactérias patogénicas, nomeadamente, *B. subtilis, E. coli* e *S. aureus* e os resultados são apresentados em termos do diâmetro médio das zonas de inibição (Tabela 2, Figura 19). A partir do resultado, observa-se que o extrato de metanol de Sargassum sp. é ativo contra todas as três bactérias patogênicas com o diâmetro das zonas de inibição variando entre 08 - 18 mm em duas concentrações diferentes (2000 µg/100 µl e 4000 µg/100 µl) (Tabela 2). A atividade antibacteriana da ampicilina (10 µg^00 µl) foi encontrada na faixa de 10-23 mm. O DMSO, tomado como controlo negativo, não apresentou qualquer atividade de inibição contra nenhum dos agentes patogénicos testados. O resultado indica que *o Sargassum* sp. foi mais eficaz contra *E. coli* e *Bacillus subtilis*, mostrando uma zona de inibição menor em *Staphylococcus aureus*.

Tabela 2. Atividade antibacteriana do extrato de algas marinhas (*Sargassum* sp.) contra três bactérias patogénicas diferentes

Estirpes patogénicas utilizadas	**Zona de inibição em mm.**		
	Ampicilina (10 µg⁄100 µl)	**Extrato de planta (2000 µg⁄100 µl)**	**Extrato de planta (4000 µg⁄100 µl)**
***B. subtilis* (CCR-12)**	23	10	18
***E. coli* (MTCC-443)**	10	09	16
***S. aureus* (MTCC-96)**	10	08	10

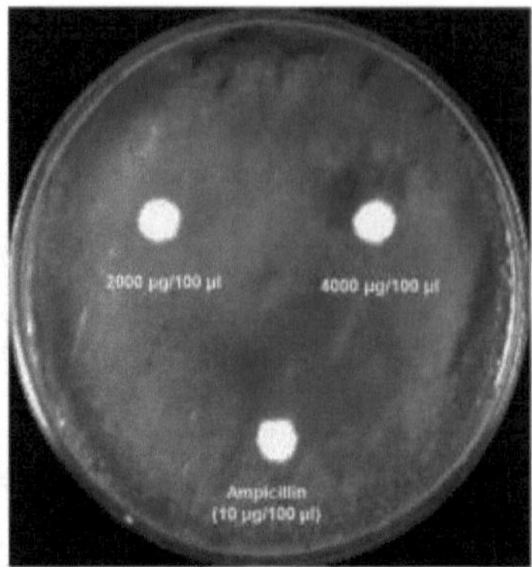

Bacillus subtilis

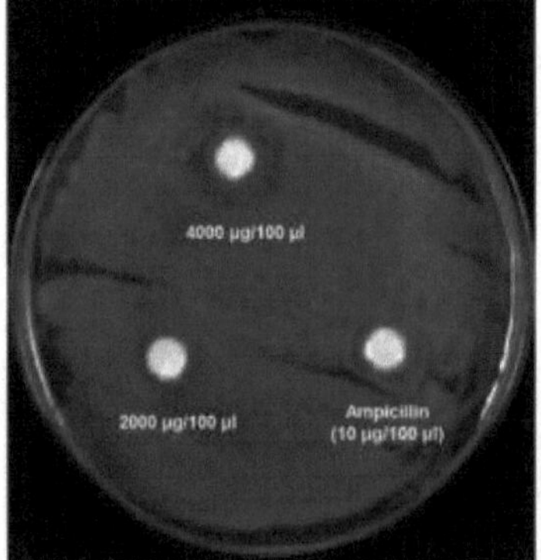

Escherichia coli

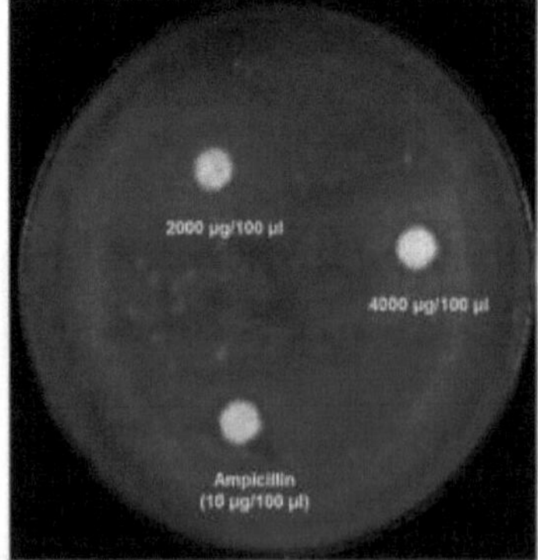

Staphylococcus aureus

Figura 19: Atividade antibacteriana do extrato de metanol de Sargassum sp. contra três bactérias patogénicas diferentes

Discussão

O extrato de metanol de *Sargassum* sp. foi avaliado quanto à sua potencial atividade antioxidante através de uma série de ensaios, tais como a inibição da peroxidação lipídica, o ensaio de eliminação do radical livre DPPH, o ensaio de eliminação do radical hidroxilo, o efeito na inibição da GST, o ensaio de eliminação do radical superóxido, o ensaio de eliminação do radical peróxido de hidrogénio e o efeito na clivagem do ADN. Os resultados de todos estes ensaios mostraram que o extrato é eficaz e possui um potencial antioxidante promissor.

A peroxidação dos lípidos das membranas iniciada pelos ERO pode conduzir a lesões celulares. A indução de LPX pelo sulfato ferroso ocorre através do complexo ferry-perferryl (Gutteridge, 1985) ou através da produção de OH^- pela reação de Fenton, ou seja, a inibição do complexo ferry-perferryl, a eliminação dos radicais OH^- e H2O2 ou a quelação dos próprios metais.

Em condições gerais, o radical DPPH é um radical livre relativamente estável. Normalmente, os radicais DPPH reagem com agentes redutores adequados e, em seguida, os electrões são emparelhados e a solução de reação perde a sua cor estequiometricamente, dependendo do número de electrões absorvidos (Blois, 1958). Assim, este ensaio forneceu informações sobre a reatividade de diferentes amostras de teste com um radical livre estável. No presente estudo, a diminuição dos valores de absorvância da mistura de reação pode ter sido causada pelas amostras de ensaio devido ao seu efeito de eliminação dos radicais livres por doação de electrões.

Os radicais hidroxilo são oxidantes altamente potentes, que podem reagir com diferentes biomoléculas nas células vivas, causando assim danos graves ao organismo (Gulcin, 2006). No presente estudo, o extrato de *Sargassum* sp. mostrou um potencial positivo de eliminação de radicais hidroxilo, revelando-se assim uma fonte eficaz de antioxidante natural.

O principal papel da GST é permitir a conjugação da glutationa endógena com os electrófilos, resultando na excreção ou metabolização adicional de compostos mais polares (Halliwell e Gutteridge, 1986). Os efeitos inibitórios dos fenóis vegetais, tais como o ácido tânico, o ácido elágico, o ácido ferrúlico, o ácido cafeico, a silibina, a quercetina, a curcumina e o ácido clorogénico contra a atividade da GST foram relatados em várias publicações (Das et al., 1984; Bartholomaeus et al., 1994; Patra et al., 2008). Também foi referido que os compostos fenólicos, como o ácido tânico, têm o potencial de se ligar a proteínas, incluindo as enzimas GST, através da formação de ligações de hidrogénio, causando impedimentos estéricos e, consequentemente, a inativação da enzima (Haslam, 1996). No entanto, a razão para a inibição da atividade da GST pelo extrato de metanol de *Sargassum* sp. não é exatamente conhecida, sendo necessário um estudo mais aprofundado para encontrar o mecanismo exato da sua atividade de inibição.

A superóxido dismutase (SOD) catalisa a dismutação do anião superóxido reativo em O2 e H2O2 (Halliwell, 1989). O anião superóxido é o primeiro produto de redução do oxigénio gerado pelo O2-. Estudos experimentais mostraram que o $O2^-$ afectava diretamente algumas enzimas intracelulares, alterando as suas actividades. A razão para a atividade de eliminação de $O2^-$ do extrato de algas marinhas era desconhecida. No entanto, as plantas contêm compostos flavonóides que eliminam os radicais anião superóxido (Josh & Janardhan, 2000).

O peróxido de hidrogénio não é muito reativo, mas pode dar origem a espécies de oxigénio altamente reactivas (OH^-) através da reação de Fenton (Halliwel, 1989). Relatórios anteriores sugeriram que o H2O2, bem como o $O2^-$ são muito importantes para a medicina e para a proteção dos sistemas alimentares, e o presente extrato de Sargassum poderia servir como uma fonte antioxidante eficaz para ser utilizada na conservação de alimentos.

Além disso, o potencial eficaz do extrato de metanol de *Sargassum* sp. foi confirmado pela proteção contra a cisão de cadeias de ADN induzida por radicais OH gerados a partir da fotólise UV de H_2O_2. A partir do ensaio, confirmou-se que o extrato foi eficaz na supressão da formação de ADN-lin e induziu a formação de ADN-sc na pista tratada com extrato de Sargassum sp. a concentrações mais elevadas. Verifica-se que, embora tanto o O_2^- como o H2O2 sejam potencialmente citotóxicos por natureza, a maioria dos danos oxidativos nos sistemas biológicos é causada pelo radical OH, que é gerado pela reação entre o H2O2 e o O_2^- na presença de iões de metais de transição como o Fe (Halliwell e Gutterridge, 1984). De facto, o radical OH pode reagir com um certo número de biomoléculas, incluindo o ADN, as proteínas e os lípidos das membranas. Os radicais OH ligados às moléculas de ADN podem provocar a rutura da cadeia de ADN, a fragmentação do desoxi-açúcar e a modificação das bases. A diminuição da concentração de H2O2 pela ação de antioxidantes naturais poderia ajudar a reduzir o efeito causado pelos danos oxidativos (Russo *et al.*, 2003)

A avaliação do potencial antibacteriano do extrato de metanol de *Sargassum* sp. foi realizada através do ensaio de difusão em disco contra duas bactérias Gram positivas (*B. subtilis*, *S. aureus*) e uma Gram negativa (*E. coli*). O ensaio de difusão em disco é amplamente utilizado para examinar a atividade antimicrobiana de substâncias naturais e extractos de plantas contra bactérias patogénicas, fungos e espécies de cândida. Estes ensaios baseiam-se na utilização de um disco de papel de vários tamanhos (5-10 mm de diâmetro) como reservatórios que contêm as soluções de teste dos materiais a examinar. No caso de soluções com baixa atividade, é necessária uma grande concentração ou volume. Do mesmo modo, a inibição mínima (CIM) da amostra testada é determinada tomando diferentes concentrações das amostras de teste no disco de papel. No presente estudo, foram utilizadas três espécies diferentes de bactérias para analisar as possíveis actividades antimicrobianas do Sargassum sp e, a partir dos resultados, confirmou-se que o extrato de algas marinhas era eficaz contra as três bactérias patogénicas. Entre as três espécies de bactérias utilizadas, a *Staphylococcus aureus* é uma das bactérias gram-positivas mais comuns que causam intoxicação alimentar, embora a sua fonte não seja a comida contaminada, mas o ser humano que foi contaminado no exterior e toca na comida, transfere esta bactéria para a fonte alimentar, contaminando-a assim (Rauha *et al.*, 2000). A partir do resultado, confirma-se que o extrato de Sargassum sp. possui novos compostos abtibacterianos que podem ser eficazes para matar as bactérias patogénicas, no entanto, o mecanismo exato de ação deste extrato contra o agente patogénico não é claro neste momento, sendo essencial um estudo mais aprofundado à luz do mecanismo de ação, do isolamento e da identificação dos princípios activos para se chegar a uma conclusão concreta.

Conclusão

O extrato de metanol do *Sargassum* sp. mostrou um forte potencial antioxidante em termos de inibição contra a peroxidação lipídica, atividade de eliminação do radical livre DPPH, atividade de eliminação do radical hidroxilo, inibição da atividade GST, atividade de eliminação do radical superóxido, atividade de eliminação de H2O2 e efeito na clivagem do ADN. Além disso, os extractos também exibiram um potencial antibacteriano notável contra três bactérias patogénicas diferentes, nomeadamente *B. subtilis, S. aureus* e *E. coli*, quando comparados com a ampicilina padrão.

Os resultados do presente estudo confirmaram que o Sargassum sp. contém uma série de compostos bioactivos valiosos com forte potencial antioxidante e antimicrobiano. Estes compostos poderiam ser um antioxidante natural fácil e um possível suplemento alimentar ou as suas potenciais aplicações nas indústrias alimentar e farmacêutica. No entanto, os componentes exactos responsáveis pelas actividades antioxidantes e antimicrobianas não são atualmente claros. Por conseguinte, é necessária uma investigação mais aprofundada sobre o isolamento e a identificação dos compostos bioactivos promissores destas espécies que podem trazer um holocausto ao mundo da medicina ayurvédica.

Agradecimentos

Os autores agradecem às autoridades do NIO Goa, Índia, por terem permitido a realização desta atividade de investigação no seu instituto. Eu (JK Patra) expresso a minha sincera gratidão ao Dr. Vijaya Kumar Rathod, Cientista, Divisão de Oceanografia Biológica, pela sua valiosa orientação para a realização desta investigação sob a sua orientação. Os autores estão gratos ao Dr. CR Rath do Departamento de Botânica, NOU, Odisha, Índia, por ter fornecido as estirpes patogénicas. Estamos gratos ao Prof. SK Dutta e ao Dr. HN Thatoi por disponibilizarem instalações laboratoriais para a realização de parte da atividade de investigação. Estamos igualmente gratos ao Dr. K Jena e ao Dr. SK Rath pela sua orientação e sugestões. Estamos gratos ao editor-chefe do Turkish Journal of Biology (Prof. Ekrem Gurel) por autorizar a utilização dos dados publicados (Patra JK, Rath SK, Jena K, Rathod VK, Thatoi HN. Avaliação da atividade antioxidante e antimicrobiana do extrato de algas marinhas (Sargassum sp.): um estudo sobre a inibição da atividade da glutationa-S-transferase. Turk J Biol. 2008;32(2):119-125) neste livro. Agradecemos também a todos os editores e publicações, cujos trabalhos citámos neste livro.

Referências

Adams JMM, Ross AB, Anastasakis K, Hodgson EM, Gallagher JA, Jones JM, Donnison IS. Variação sazonal na composição química da matéria-prima bioenergética *Laminaria digitata* para conversão termoquímica. *Biores Tech.* 2011;(102): 226-234,.

Adly AAM. Stress oxidativo e doenças: Uma revisão actualizada. *Res J Immuno.* 2010;3(2):129-145.

Ambreen, Hira K, Ruqqia TA, Sultana V, Ara J. Avaliação da componente bioquímica e da atividade antimicrobiana de algumas algas marinhas que ocorrem na costa de Karachi. *Pak J Bot.* 2012;44(5): 1799-1803.

Ananthi S, Raghavendran HR, Sunil AG, Gayathri V, Ramakrishnan G, Vasanthi HR . Potencial antioxidante *in vitro* e anti-inflamatório *in vivo* do polissacárido bruto de *Turbinaria ornata* (Alga castanha marinha). *Food Chem Toxicol.* 2010;48:187-192.

Arbona V, Flors V, Jacas J, Agustin PG, Gómez-Cadenas A. Respostas antioxidantes enzimáticas e não enzimáticas de *Carrizo citrange*, um porta-enxerto de citrinos sensível aos sais, a diferentes níveis de salinidade. *Plant Cell Physiol.* 2003;44(4):388-394.

Asaraja A, Sahayaraj K. Screening of insecticidal activity of brown macroalgal extracts against *Dysdercus Cingulatus* (Fab.) (Hemiptera: Pyrrhocoridae). *J Biopest.* 2013;6(2):193-203.

Asker MS, Mohamed SM, Ali FM, El-Sayed OH. Estrutura química e atividade antiviral de polissacáridos sulfatados solúveis em água de *Surgassum latifolium*. *J Appl Sci Res.* 2007;(3): 1178-1185.

Athukorala Y, Lee KW, Kim SK, Jeon YJ. Atividade anticoagulante de algas marinhas verdes e castanhas recolhidas na ilha de Jeju, na Coreia. *Biores Tech.* 2007;(98):1711-1716.

Balboa EM, Conde E, Soto ML, Perez-Armanda L, Dominguez H.

Cosméticos de origem marinha. In: Kim SK. Eds. *Handbook of Marine Biotechnology*. Berlin Heidelberg: Springer; 2015:1015-42.

Balboa EM, Moure A, Dominguez H. Valorização da biomassa de *Sargassum muticum* segundo o conceito de bio-refinaria. *Mar Drugs.* 2015;(13):3745-3760.

Bansemir A, Blume M, Schroder S, Lindequist U. Screening of cultivated seaweeds for antibacterial activity against fish pathogenic bacteria. *Aquaculture*. 2015;(252):79-84.

Barbosa M, Valentâo P, Andrade PB. Compostos bioactivos de macroalgas no novo milénio: Implicações para as doenças neurodegenerativas. *Mar Drugs*. 2014;(12):4934-4972.

Barot M, Kumar NJI, Kumar RN. Compostos bioactivos e atividade antifúngica de três espécies diferentes de algas marinhas *Ulva lactuca*, *Sargassum tenerrimum* e *Laurencia obtusa* recolhidas na costa de Okha, Índia Ocidental. *J Coastal Life Med.* 2016;4(4):284-289.

Bartholomaeus AR, Bolton R e Ahokas JT. Inibição da glutationa S - transferase citosólica do fígado de rato pela silibina. *Xenobiotica* 1994;(24): 17- 24.

Basson PW, Abbas JA. Composição elementar de algumas algas marinhas da costa do Barém (Golfo Arábico). *Ind J Mar Sci.* 1992;(21):59-61.

Beaulieu L, Thibodeau J, Desbiens M, Saint-Louis R, Zatylny-Gaudin C, Thibault S. Evidência de actividades antibacterianas em fracções de péptidos provenientes de subprodutos do caranguejo das neves (*Chionoecetes opilio*). *Probio Antimic Proteins.* 1992;(2): 197-209.

Bhaigbhati T, Krithika T, Shiny K, Usha K. Rastreio fitoquímico e atividade antioxidante de vários extractos de *Sargassum muticum*. *IJPRD.* 2011;3(10):25-30.

Blois MS. Determinação de antioxidantes através da utilização de um radical livre estável. *Nature* 1958;(181): 1199-1200.

Boisvert C, Beaulieu L, Bonnet C, Pelletier E. Avaliação das actividades antioxidantes e antibacterianas de três espécies de algas comestíveis. *J Food Biochem.* 2015;(39):377-387.

Boonchum W, Peerapornpisal Y, Kanjanapothi D, Pekkoh J, Pumas C, Jamjai U, Amornlerdpison D, Noiraksar T, Vacharapiyasophon P. Antioxidant activity of some seaweed from the gulf of Thailand. *Int J Agri Bio.* 2011;(13): 95-99.

Borines MG, De Leon RL, Cuello JL. Produção de bioetanol a partir da macroalga *Sargassum* spp. *Biores Tech.* 2013;(138):22-29.

Budhiyanti SA, Raharjo S, Marseno DW, Lelana IYB. Atividade antioxidante do extrato de espécies de algas castanhas *Sargassum* da costa da Ilha de Java. *Am J Agri Bio Sci.* 2012;7(3):337-346.

Buzà-Jacobucci1 G, Pereira-Leite FP. O papel das algas epífitas e de diferentes espécies de *Sargassum* na distribuição e alimentação de anfípodes herbívoros. *Lat Am J Aquat Res.* 2012;42(2):353-363.

Cajipe GJB. Utilização de recursos de algas marinhas. In: Dogma Jr IJ , Trono Jr GC, Tabbada RA, eds. *Culture and use of algae in Southeast Asia.* Filipinas: Tigbauan, Iloilo; 1990: 77-79.

Carlsson AS, Beilen JBV, Moller R, Clayton D. Micro e macroalgas: Utility for industrial applications. Bowles D, eds. *Realising the economic potential of sustainable resources- bioproducts from non-food crops*, CPL Press, Antony Rowe Ltd: Chippenham; 2007.

Cavallo RA, Acquaviva MI, Stabili L, Cecere E, Petrocelli A, Narracci M. Atividade antibacteriana de macroalgas marinhas contra *Vibrio Spp.* patogénico para peixes. *Cent Eur J Biol.* 2013;(8): 646-653.

Chakraborthy K, Lipton AP, Paulraj R, Vijayan KK. Antibacterial diterpernoids of *Ulva fasciata* (Delile) from South-western coast of Indian Peninsula. *Food*

Chem. 2010;(119):1399- 1408.

Chakraborty S. Oceanos: A Store house of drugs - A review. *J Pharm Res.* 2010;(3):1293-1296.

Chandini SK, Ganesan P, Suresh PV, Bhaskar N. Seaweeds as a source of nutritionally beneficial compounds- A review. *J Food Sci Tech.* 2008;(45):1-13.

Cheng CC, Yu MC, Cheng TC, Sheu DC, Duan KJ, Tai WL. Produção de galacto-oligossacárido de alto teor por catálise enzimática e fermentação com *Kluyveromyces marxianus. Biotech Lett.* 2006; (28):793-797.

Craigie JS. Seaweed extracts stimuli in plant science and agriculture. *J Appl Phycology.* 2011;23(3):371-393.

Crist RH, Martin JR, Guptill PW, Eslinger JM, Crist DR. Interacções de metais e protões com algas-2. Troca de iões na adsorção e deslocamento de metais por protões. *Env Sci Tech.* 1990;(24):337-342.

Crouch IJ, Staden V. Evidence for the presence of plant growth regulators in commercial seaweed products. *Plant Growth Reg.* 1993;13(1):21-29.

Das M, Bickers DR e Mukhtar H. Plant phenols as in vitro inhibitors of glutathione S -transferase. Biochem. *Biophy. Res. Comm.* 1984;(120): 427-433.

Davis TA, Volesky B, Mucci A. A review of the biochemistry of heavy metal biosorption by brown algae. *Wat Res.* 2003;(37):4311-4330.

Davis TA, Volesky B, Vieira RHSF. Algas *Sargassum* como biosorventes para metais pesados. *Wat Res.* 2000;34(17):4270-4278.

Dawczynski C, Schubert R, Jahreis G. Aminoácidos, ácidos gordos e fibra alimentar em produtos de algas comestíveis. *Food Chem.* 2007;(103):891-899.

De Ruiter GA, Rudolph B. Carrageenans biotechnology. *Trends Food Sci*

Tech. 1997;(8):389-395.

Delshab S, Kouhgardi E, Ramavandi B. Dados sobre a biossorção de metais pesados em *Sargassum oligocystum* recolhidos na costa norte do Golfo Pérsico. *Data in Brief*. 2016;(8):235-241.

Devi GK, Manivannan M, Thirumaran G, Rajathi FAA, Anantharaman P. Actividades antioxidantes *in vitro* de algas marinhas seleccionadas da costa sudeste da Índia. *Asian Pacific J Trop Med*. 2011: 205-211.

Dhargalkar VK, Kavlekar. *Seaweeds- A field manual*. Verlecar XN Eds. Instituto Nacional de Oceanografia: Dona Paula, Goa; 2004.

Dhargalkar VK, Pereira N. Seaweed: Planta promissora do milénio. *Sci Culture*. 2005;(71):60-6.

Dhargalkar VK, Untawale AG. Algumas observações sobre o efeito do SLF em plantas superiores. *Ind J Mar Sci*. 1983;12(1):210-214.

Dias PF, Siqueira Jr. JM, Maraschin M, Ferreira AG, Gagliardi AR, Ribeiro-do- Valle RM. Um polissacarídeo isolado da alga marinha *Sargassums tenophyllum* extrai efeitos anti-vasculogênicos evidenciados pela modificação da morfogênese. *Microvasc Res*. 2008;(751):34-44.

Dias PF, Siqueira Jr. JM, Vendruscolo LF, De Jesus Neiva T, Gagliardi AR, Maraschin M, Ribeiro-do-Valle RM. Propriedades anti-angiogénicas e anti-tumorais de um polissacárido isolado da alga *Sargassums tenophyllum*. *Cancer Chemother Pharma*. 2005;(56):436-446.

Domettila C, Brintha ST, Sukumaran S, Jeeva S. Diversidade e distribuição de algas marinhas nas águas costeiras de Muttom, costa sudoeste da Índia. *Biodiv J*. 2013:4(1):105-110.

Donia M, Hamann MT. Produtos naturais marinhos e suas potenciais aplicações como agentes anti-infecciosos. *Lancet Infect Dis*. 2003;(3):338-348.

Dubber D, Harder T. Extractos de *Ceramium rubrum, Mastocarpus stellatus* e *Laminaria digitata* inibem o crescimento de bactérias patogénicas marinhas e de peixes em concentrações ecologicamente realistas. *Aquaculture*. 2008;(274):196- 200.

Egan S, Harder T, Burke C, Steinberg P, Kjelleberg S, Thomas T. O holobionte de algas marinhas: compreensão das interacções algas-bactérias. *Microbiol Rev*. 2013;(37):462-476.

El Shafay SM, Ali SS, El-Sheekh MM. Atividade antimicrobiana de algumas espécies de algas marinhas do Mar Vermelho, contra bactérias multirresistentes. *Egyptian J Aqu Res*. 2013;(42):65-74.

Elumalai LK, Rengasamy R. Synergistic effect of seaweed manure and *Bacillus sp.* on growth and biochemical constituents of *Vigna radiata* L. *J Biofert Biopest*. 2012;3(3):1-7.

Ely R, Supriya T, Naik CG. Antimicrobial activity of marine organisms collected off the coast of South East India (Atividade antimicrobiana de organismos marinhos recolhidos ao largo da costa do Sudeste da Índia). *J Exp Mar Biol Ecol*. 2004;(309):121- 127.

Erulan V, Soundarapandian P, Thirumaran G, Ananthan G. Estudos sobre o efeito do extrato de *Sargassum polycystum* no crescimento e na composição bioquímica de *Cajanus cajan (*L.) Mill sp. *Am Eu J Agric Env Sci*. 2009;6(4):392-399.

Esmaeili A, Saremnia B, Kalantari M. Remoção de Mercúrio (II) de soluções aquosas por biossorção na biomassa de *Sargassum glaucescens* e *Gracilaria corticata. Arab J Chem*. 2015;(8):506-511.

Espeche ME, Fraile ER, Mayer AMS. Triagem de algas marinhas argentinas a partir de atividade antimicrobiana. *Hydrobio.* 1984;(117):525-528.

FAO. Production and utilization of products from commercial seaweeds (Produção e utilização de produtos de algas marinhas comerciais). Eds.

McHugh DJ: *FAO Fisheries Technical Paper.*1987:288.

FAO. Produção e utilização de produtos de algas marinhas comerciais. Itália; 2010.

Finotelli PV, Da Silva D, Sola-Penna M, Rossi AM, Farina M, Andrade LR, Takeuchi AY, Rocha-Leâo MH. Microcápsulas de alginato/quitosana contendo nanopartículas magnéticas para liberação controlada de insulina. *Colloids Surf B Biointer.* 2010;(81):206-211.

Fitton JH. Brown marine algae: A Survey of therapeutic potentials. *Alt Compie Therap.* 2003; 29- 33.

Fleurence J, Massiani L, Guyader O, Mabeau S. Utilização da degradação enzimática da parede celular para melhorar a extração de proteínas de *Chondrus crispus, Gracilaria verrucosa* e *Palmariapalmata. J Appl Phycol.* 1995;(7):393-397.

Fleurence J. Seaweed proteins: Biochemical, nutritional aspects and potential uses. *Trends Food Sci Tech.* 1999;(10):25-28.

Fourest E, Volesky B. Alginate properties and heavy metal biosorption by marine algae (Propriedades do alginato e biossorção de metais pesados por algas marinhas). *Appl Biochem Biotech.* 1997;67(1):33-44.

Funahashi H, Imai T, Mase T, Sekiya,M, Yokoi K, Hayashi H, Shibata A, Hayashi T, Nishikawa M, Suda N, Hibi Y, Mizuno Y, Tsukamura K, Hayakawa A, Tanuma S. Seaweed prevents breast cancer? *Jpn J Cancer Res.* 2001;92(5):483-487.

Gade R, Tulasi MS, Bhai VA. Algas marinhas: um novo biomaterial. *Int J Pharm Pharma Sci.* 2013;5(2):40-44.

Gamal-Eldeen AM, Ahmed EF, Abo-Zeid MA. Propriedades quimiopreventivas do cancro *in vitro* do extrato de polissacárido da alga castanha, *Sargassum latifolium. Food Chem Toxico.* 2009;(47):1378-1384.

Gamal-Eldeen AM, Amer H, Helmy WA. Actividades quimiopreventivas e anti-inflamatórias do cancro da goma de guar quimicamente modificada. *Chem Biol Interact.* 2006;(161):229-240.

Ganapathi K, Subramanian V, Mathan S. Potenciais bioactivos de algas castanhas, *Sargassum myriocystum* J. Agardh *S. plagiophyllum* e *S. ilicifolium* J. Agardh. *Int Res J Pharm App Sci.* 2013; 3(5):105-111.

Genicot-Joncour S, Poinas A, Richard O, Potin P, Rudolph B, Kloareg B, Helbert W. A ciclização do anel de 3,6-anidro-galactose da iota-carragenina é catalisada por duas D-galactose-2,6-sulfurilases na alga vermelha *Chondrus crispus*. *Plant Physiol.* 2009;(151):1609-1616.

Ghada SE, El-Wafaa A, Shaabanb KA, El-Naggara MEE, Shaabanb M. Constituintes bioactivos e composição bioquímica da alga castanha egípcia *Sargassum subrepandum* (forsk). *Rev. Latinoamer Quim.* 2011;39 (1-2): 62-74.

Gilgun-Sherki Y, Melamed E, Offen D. Stress oxidativo induzido por doenças neurodegenerativas: a necessidade de antioxidantes que penetrem na barreira hemato-encefálica. *Neuropharm.* 2001;(40):959- 975.

Goh CS, Lee KT. A macroalgae based third- generation bioethanol (TGB) bio-refinery in Sabah, Malaysia as an underlay for renewable and sustainable development. *Renew Sustain Eng Rev.* 2010;(14): 842-848.

Guiry MD, Guiry GM. Algae Base versão 4.2.Publicação eletrónica mundial. 2007.

Guiry MD. How many species of algae are there? *J Phycology.* 2012;(48):1057-1063.

Gujral HS, Sharma P, Singh N, Sogi DS. Effect of Hydrocolloids on the Rheology of *Tamarind Sauce (*Efeito dos hidrocolóides na reologia do *molho de tamarindo). J Food Sci Tech.* 2001;(38):314-318.

Gulcin I. Actividades antioxidante e antirradicalar da L-carnitina. *Life Sci.*

2006;(78): 803e811.

Gupta S, Abu-Ghannam N. Bioactive potential and possible health affects of edible brown seaweeds (potencial bioativo e possíveis efeitos na saúde das algas castanhas comestíveis). *Trends Food Sci Tech.* 2011;(22):315-326.

Gupta S, Abu-Ghannam N. Recent developments in the application of seaweeds or seaweed extracts as a means for enhancing the safety and quality attributes of foods. *Innov Food Sci Emerging Tech.* 2011;12(4):600-609.

Gutteridge JMC. Age pigments and free radicals: fluorescent lipid complexes formed by iron and copper containing proteins. *Biochimica Biophysica Ata.* 1985;(834): 144-148.

Habig WH, Pabst MJ, Jakoby WB. Glutationa-S-transferase. *J Bio Chem.* 1974;(25):7130-7139.

Hafting JT, Craigie JS, Stengel DB, Loureiro RR, Buschmann AR, Yarish C, Edwards MD, Critchley AT. Perspectivas e desafios para a produção industrial de bioactivos de algas marinhas. *J Phycology.* 2011:1-17.

Halliwell B, Gutteridge JMC. *Free Radicals in Biology and Medicine.* Oxford: Clarendon Press; 1986.

Halliwell B, Gutterridge J M C. Oxygen toxicity,oxygen radical,transition metals and disease. *Biochem. J.* 1984;(219): 1-14.

Halliwell B. Superoxide-Dependent formation of hydroxy free radicals in presence of iron chelates. *FEBS Lett.* 1989;(92): 321-326.

Haslam E. Natural polyphenols (vegetable tannins) as drugs and medicines: possible mode of action. *J. Natural Product.* 1996;(59): 205-215.

Haslam E. Natural polyphenols (vegetable tannins) as drugs and medicines: possible mode of action. *J Nat Prod.* 1996;(59):205-215.

Hatano T, Kagawa H, Yasuhara T, Okuda T. Dois novos flavonóides e outros constituintes da raiz de alcaçuz; a sua adstringência relativa e efeitos de eliminação de radicais. *Chem Pharma Bull.* 1988;(36): 2090-2097.

Heo S, Park E, Lee L, Jeon Y. Actividades antioxidantes de extractos enzimáticos de algas castanhas. *Biores Tech.* 1996;(96):1613-1623.

Heo SJ, Hwang JY, Choi JI, Han JS, Kim HJ, Jeon YJ. Diphlorethohydroxycarmalol isolado de *Ishige okamurae*, uma alga castanha, um potente inibidor da alfa-glucosidase e da alfa-amilase, alivia a hiperglicemia pós-prandial em ratos diabéticos. *Eur J Pharmacol.* 2009;615(1-3):252- 256.

Hill J, Nelson E, Tilman D, Polasky S, Tiffany D. Environmental, economic, and energetic costs and benefits of biodiesel and ethanol biofuels. *Proc Nat Acd Sci.* 2006; 103(30):11206-11210.

Hoek CV. Padrões mundiais de distribuição latitudinal e longitudinal de algas marinhas e suas possíveis causas, ilustrados pela distribuição dos géneros Rhodophytan. *Helgol nder Meeresunters.* 1984;(38):227-257.

Holan ZR, Volesky B. Biosorption of lead and nickel by biomass of marine algae. *Biotech Bioengg.* 1994:1001-9.

Horta A, Pinteus S, Alves C, Fino N, Silva J, Fernandez S, Rodrigues A, Pedrosa R. Potencial antioxidante e antimicrobiano das bactérias epífitas de *Bifurcaria biforcata. Mar Drugs.* 2014;(12):1676-1689.

Huang HL, Wang BG. Capacidade antioxidante e conteúdo lipofílico de algas marinhas recolhidas na costa de Qingdao. *J Agric Food Chem.* 2004;(52):4993-4997.

Humaya SWA, Kim SK. Nutracêuticos marinhos. In: Kim SK, Eds. *Handbook of Marine Biotechnology.* Berlim, Heidelberg, Alemanha: Springer; 2015:945-1014.

Irshad M, Chaudhuri PS. Sistema oxidante-antioxidante: Papel e significado no corpo humano. *Ind J Exp Bio.* 2002;(40):1233-1239.

Iwai K. Efeitos antidiabéticos e antioxidantes dos polifenóis da alga castanha *Ecklonia stolonifera* em ratos geneticamente diabéticos KK-A9y. *Plant Foods Human Nutri.* 2008;(63):163-169.

Jensen A. Present and future needs for algae and algal products. *Hydrobio.* 1993;(260/261): 15-23.

Ji A, Yao Y, Che O, Wang B, Sun L, Li L, Xu F. Isolamento e caraterização do polissacárido sulfatado do *Sargassum pallidum* (Turn.) *C. Ag* e a sua atividade sedativa/hipnótica. *J Med Plants Res.* 2011;5(21):5240- 5246.

Jiménez-Escrig A, Cambrodon IG. Avaliação nutricional e efeitos fisiológicos de macroalgas marinhas comestíveis. *Arch Latinoamer Nutri.* 1999;(49):114-120.

Josh N, Janardhan KK. Antioxidant and antitumorous activity of *Pleurotus florida*. Curr. Sci. 2000;(79): 941.

Jung M, Jang KH, Kim B, Lee BH, Choi BW, Oh KB, Shin J. Mero-diterpenóides da alga castanha *Sargassum siliquastrum*. *J Nat Prod.* 2008;(71):1714-1719.

Kaehler S, Kennish R. Summer and winter comparisons in the nutritional value of marine macroalgae from Hong Kong. *Bot Mar.* 1996;(39):11-17.

Kaladharan P, Kaliaperumal N, Ramalingam JR. Marine fishery information series. *Mar Fish Inf Ser.* 1998;(157):1-10.

Kaliaperuma N. Produtos derivados de algas marinhas. *Proc Nat Seminar on Marine Biodiv Food Med.* 2003;(3):33-42.

Kandale A, Meena AK, Rao MM, Panda P, Mangal AK, Reddy G, Babu R. Marine algae: Uma introdução, valor alimentar e usos medicinais. *J Pharm Res.* 2011;4(1):219-221.

Karthikeyan K, Shweta K, Jayanthi G, Prabhu K, Thirumaran G. Antimicrobial and antioxidant potential of selected seaweeds from Kodinar, Southern Coast of Saurashtra, Gujarat, India. *J Ap. Pharma Sci.* 2015;5(7):035- 040.

Kaur IP, Saini A. O sesamol apresenta uma atividade anti-mutagénica contra a mutagenicidade mediada por espécies de oxigénio. *Mutation Res.* 2000;(470):71-76.

Kausalya M, Rao GMN. Atividade antimicrobiana de algas marinhas. *J Algal Biomass Utln.* 2015;6(1):78- 87.

Keyrouz R , Abasq ML, Le Bourvellec C, Blanc N, Audibert L, ArGall E, Hauchard D. Conteúdo fenólico total, eliminação de radicais e voltametria cíclica de algas marinhas da Bretanha. *Food Chem.* 2011;(126):831- 836.

Khan AM, Noreen S. Bioetanol de *Sargassum tenerrimum* e *Cystoseira indica*. *J Biobased Mat Bioeng.* 2015;(9):396-402.

Khan SI, Satam SB. Seaweed Mariculture: Scope and potential in India. *Aquacul Asia.* 2003;8(4):26-29.

Kharkwal H, Joshi DD, Panthari P, Pant M, Kharkwal AC. As algas como futuros medicamentos. *Asian J Pharm Clinical Res.* 2014;5(4):1-4.

Kim C, Lee IK, Cho GY, Oh K, Yun LYW. Sargassumol, um novo antioxidante da alga castanha *Sargassum micracanthum*. *J Antibio.* 2012;(65):87- 89.

Kim JA, Karadeniz F, Ahn BN, Kwon MS, Mun OJ, Bae MJ, Seo Y, Kim M, Lee SH, Kim YY, Mi-Soon J, Kong CS. Os derivados bioactivos de quinona da alga castanha marinha *Sargassum thunbergii* induzem actividades antiadipogénicas e proosteoblastogénicas. *J Sci Food Agric.* 2015;(10):48-54.

Kleinübing SJ, Vieira SR, Beppu MM, Guibal E, Carlos Da Silva MG. Caracterização e avaliação da biossorção de cobre e níquel em algas ácidas *Sargassum Filipendula*. *Mat Res.* 2010;13(4), http://dx.doi.org/10.1590/S1516-14392010000400018.

Kolanjinathan K., Ganesh P, Saranraj P. 2014. Importância farmacológica das algas marinhas: Uma revisão. *World J. Fish Mar. Sci.* 6: 1-15.

Krishnamurthy V. 2005. Seaweeds wonder plants of the sea. Aquaculture Foundation of India, Chennai: 30.

Kumar AM, Umamaheswari R, Kumar VKR, Krishnan NV, Selvamani P. Concentração fenólica e estudo da atividade de eliminação de peróxido de hidrogénio de *Calur papeltata* e *Sargassum tenerrimum*. *J Chem Pharma Sci.* 2014;(4):221-223.

Kumar G, Sahoo D. Effect of seaweed liquid extract on growth and yield of *Triticum aestivum* var. Puas Gold. *J Appl Phycol.* 2011;23(3):251-255.

Kumar NJI, Barot M, Kumar RN. Análise fitoquímica e atividade antifúngica de algas marinhas seleccionadas de Okhacoast, Gujarat, Índia. *Life Sci Leaflets*. 2014;(52):57-70.

Kumar P, Senthamilselvi S, Govindaraju S. Perfil GC-MS e atividade antibacteriana de *Sargassum tenerrimum*. *J Pharm Res*. 2013;(6):88-92.

Kumar P, Senthamilselvi S, Praba LA, Kumar PK, Ganeshkumar RS, Govindaraju M. Síntese de nanopartículas de prata de *Sargassum tenerrimum* e rastreio de fitoquímicos para a sua atividade antibacteriana. *Nano Biomed Eng.* 2012;(4):12-16.

Kumar S, Gupta R, Kumar G, Sahoo D, Kuhad RC. Produção de bioetanol a partir de *Gracilaria verrucosa*, uma alga vermelha, numa abordagem de bio-refinaria. *Biores Tech*. 2013;(135):150-156.

Kumar VV, Kaladharan P. Biosorption of metals from contaminated water using seaweed. *Cur Sci.* 2006;90(9):1263-1267.

Kumari P, Reddy R, Jha B. Quantification of selected endogenous Hydroxy-oxylipinsfrom Tropical Marine Macroalgae. *Mar Biotech*. 2014;(16):74- 87.

Kumari R, Kaur I, Bhatnagar AK. Effect of aqueous extract of *Sargassum johnstonii* Setchell and Gardner on growth, yield and quality of *Lycopersicon esculentum* Mill. *J Appl Phycol. 2005;* DOI 10.1007⁄s10811-011-9651-x.

Kupper FC, Gaquerel E, Boneberg EM, Morath S, Salaun JP, Potin P. Os primeiros eventos na perceção de lipopolissacarídeos na alga castanha *Laminaria digitata* incluem uma explosão oxidativa e a ativação de cascatas de oxidação de ácidos gordos. *J Exp Bot.* 2006;(57):1991-1999.

Lee JB, Takeshita A, Hayashi K, Hayashi T. Estruturas e actividades antivirais de polissacáridos de *Sargassum trichophyllum*. *Carbohydr Polym.* 2011;(86):995-999.

Lee JC, Hou MF, Huang HW, Chang FR, Yeh CC, JY, Chang HW. Produtos naturais de algas marinhas com propriedades anti-oxidativas, anti-inflamatórias e anticancerígenas. *Cancer Cell Int.* 2013;13(55):1-7.

Lee JI, Seo Y. Chromanols from *Sargassum siliquastrum* and their antioxidant activity in HT 1080 cells. *Chem Pharm Bull.* 2011;(59):757-761.

Li AH, Cheng K, Wong C, King-Wai F, Feng C, Yue J. Avaliação da capacidade antioxidante e do conteúdo fenólico total de diferentes fracções de microalgas seleccionadas. *Food Chem.* 2007;(102):771- 776.

Li L, Ni R, Shao Y, Mao S. Carrageenan e as suas aplicações na administração de medicamentos. *Carbohyd Polymer.* 2014;(103):1-11.

Lin C, Fishman WH. Isoenzimas da fosfatase ácida microssomal e lisossomal do rim do rato. *J Histochem Cytochem.* 1972;(20):487- 498.

Lin C, Fishman WH. Isoenzimas da fosfatase ácida microssomal e lisossomal do rim do rato. *J Histochem Cytochem.* 1972;(20): 487-498.

Lingakumar K, Jayaprakash R, Manimuthu C, Haribaskar A. *Gracilaria edulis* e uma fonte alternativa eficaz como regulador de crescimento para culturas de leguminosas. *Seaweed Res Util.* 2002;(24):117-123.

Lohse SE, Murphy CJ. Aplicações de nanopartículas inorgânicas coloidais: Da medicina à energia. *J Am Chem Soc.* 2012;(134):15607-15620.

Lowry OH, Rosenbrough NJ, Farr AL, Randall RJ. Medição de proteínas com o reagente de folina-fenol. *J Bio Chem.* 1951;(193):265-275.

Lubobi SF, Matunda C, Kumar V, Omboki B. Isolamento de metabolitos secundários bioactivos de algas marinhas *Amphiroa anceps* contra agentes patogénicos associados à carne de frango. *J Antimic Agent.* 2016;2(1):1-5.

Ly BM, Buu NQ, Nhut ND, Thinh PD, Thi T, Van T. Estudos sobre o fucoidan e a sua produção a partir de algas castanhas vietnamitas. *Am J Sci Tech Dev.* 2005;(22):371-380.

Malhotra R, Ward M, Bright H, Priest R, Foster MR, Hurle M, Blair E, Bird M. Isolamento e caraterização de potenciais receptores do vírus sincicial respiratório em células epiteliais. *Microbes Infect.* 2003;(5):123-133.

Manigandan M, Kolanjinathan G. Atividade antifúngica *in vitro* de certas algas marinhas recolhidas na costa de Mandapam, Tamilnadu, Índia. *Ind J App Res.* 2014;4(10):557-559.

Manivannan K, Karthikaidevi G, Anantharaman P, Balasubramanian T. Antimicrobial potential of selected brown seaweeds from Vedalai coastal waters, Gulf of Mannar. *Asian Pac J Trop Biomed.* 2011;1(2):114-120.

Mantri VA, Rao SPV. Ilha de Diu: Um paraíso para turistas e biólogos de algas marinhas. *Curr Sci.* 2005;(89):1795-7.

Manzo E, Ciavatta M L, Bakkas S, Villani G, Varcamonti M, Zanfardino A, Gavagnin M. Diterpene content of the alga *Dictyota ciliolata* from a Moroccan lagoon. *Phytochem Letters.* 2009;(2):211-215.

Marudhupandi T, Kumar TTA, Senthil SL, Devi KN. Propriedades antioxidantes *in vitro* das fracções de Fucoidan de *Sargassum tenerriumum.* *Pak J Bio Sci.* 2014;17(2):402-407.

Matheickal JT, Yu Q. Biosorção de chumbo de soluções aquosas pela alga marinha *Ecklonia radiata*. *Wat Sci Tech*. 1996;34(9):1.

Mayer A, Lehmann V. Farmacologia marinha em compostos antitumorais e citotóxicos. *Anticancer Res*. 2001;(21):2489-2500.

Mchugh DJ. A guide to the seaweed industry; FAO Fisheries Technical Paper 441; Food and Agriculture Organization of the United Nations: Roma, Itália: 2003.

Mehdinezhad N, Ghannadi A, Yegdaneh A. Avaliação fitoquímica e biológica de algumas espécies de *Sargassum* do Golfo Pérsico. *Res Pharm Sci*. 2016;11(3):243-249.

Mehdinezhad N, Ghannadi A, Yegdaneh A. Avaliação fitoquímica e biológica de algumas espécies de *Sargassum* do Golfo Pérsico. *Res Pharm Sci*. 2016;11(3):243-249.

Mendes M, Pereira R, Sousa Pinto I, Carvalho AP, Gomes AM. Atividade antimicrobiana e perfil lipídico de extractos de algas marinhas da Costa Norte de Portugal. *Int Food Res J*. 2013;(20): 3337-3345.

Milledge JJ, Harvey PJ. Golden Tides: Problema ou oportunidade de ouro? A Valorização do *Sargassum* das Inundações de Praia. *J Mar Sci Eng*. 2016;4(60):1-19.

Mohamed S, Hashim SN, Rahman HA. Algas marinhas: um alimento funcional sustentável para terapias complementares e alternativas. *Trends Food Sci Tech*. 2012;(23):83-96.

Mohy El-Din SM. Utilização de extractos de algas marinhas como biofertilizantes para estimular o crescimento de plântulas de trigo. Egipto. *J Exp Biol*. 2015;11(1):31-39.

Moon S, Kim J. Iodine content of human milk and dietary iodine intake of Korean lactating mothers (Teor de iodo no leite humano e ingestão de iodo na dieta de mães lactantes coreanas). *Int J Food Sci Nut*. 1999;(50):165-171.

Moubayed NMS, Al Houri HJ, Al Khulaifi MM, Al Farraj DA. Propriedades antimicrobianas, antioxidantes e composição química de algas marinhas recolhidas na Arábia Saudita (Mar Vermelho e Golfo Arábico). *Saudi J Bio Sci.* 2017;(24):162-169.

Munoz R, Alvarez MT, Munoz A, Terrazas E, Guieysse B, Mattiasson B. Remoção sequencial de iões de metais pesados e poluentes orgânicos utilizando um consórcio algal-bacteriano. *Chemosphere.* 2006;(63):903-911.

Murugaiyan K, Narasimman S. Composição elementar de *Sargassum longifolium* e *Turbinaria conoides* da costa de Pamban, Tamilnadu. *Int J Res Bio Sci.* 2012;2(4):137-140.

Mushollaeni W, Supartini N, Rusdiana E. Diminuição dos níveis de colesterol no sangue em ratos induzida por alginato de *Sargassum duplicatum* e *Turbinaria sp.* derivado de Yogyakarta. *Asian J Agri Food Sci.* 2015;03(4):312-326.

Nahar K. Sweet sorghum: An alternative feedstock for bioethanol (Sorgo doce: uma matéria-prima alternativa para o bioetanol). *Iran J Eng Env.* 2011(2):58-61.

Nimse SB, Pal D. Radicais livres, antioxidantes naturais e seus mecanismos de reação. *Royal Soc Chem Adv.* 2015;(5):279-286.

Noda H, Amano H, Arashima K, Hashimoto S, Nisizawa K. Estudos sobre a atividade antitumoral de algas marinhas. *Nippon Suissan Gakkaishi.* 1989;(55):1259-1264.

Nozaki H, Ohira S, Takaoka D, Senda N, Nakayama M. Structure of *Sargassum* ketone, a novel highly oxygenated ketone from *Sargassum kjellmanianum.Chem Lett.* 1995;(24):331.

Nwosu F, Morris J, Lund VA, Stewart D, Ross HA, McDougall GJ. Efeitos antiproliferativos e potenciais efeitos antidiabéticos de extractos ricos em fenólicos de algas marinhas comestíveis. *Food Chem.* 2011;(126):1006-

1012.

Nylund GM, Enge S, Pavia H. Costs and benefits of chemical defense in the Red Alga *Bonnemaisonia hamifera*. *PLoS ONE*. 2013;8(4):e61291.

Obata O, Akunna J, Bockhorn H, Walker G. Ethanol production from brown seaweed using non-conventional yeasts (Produção de etanol a partir de algas castanhas utilizando leveduras não convencionais). *Bioethanol*. 2016;(2):134- 145.

Ofer R, Yerachmiel A, Shmuel Y. Marine macroalgae as biosorbents for Cadmium and Nickel in Water. *Wat Env Res*. 2003;75(3):246-253

Ohkawa H, Ohisi N, Yagi K. Ensaio de peróxidos lipídicos em tecidos animais por reação de ácido tiobarbitúrico. *Analytical Biochem*. 1979;(95):351-358.

Olabarria C, Rodil IF, Incera M, Troncoso J. Impacto limitado de *Sargassum muticum* nas assembleias de algas nativas de costas rochosas intertidais. *Mar Environ Res*. 2009;(67):153-158.

Ordu~na-Rojas J, Robledo D, Dawes CJ. Estudos sobre o agarófito tropical *Gracilaria cornea* J. Agardh (Rhodophyta, Gracilariales) de Yucafan, México. Respostas sazonais fisiológicas e bioquímicas. *Bot Mar*. 2002;(45):453-458.

Ortiz J, Romero N, Robert P, Araya J, Lopez-Hernàndez J, Bozzo C, Navarrete E, Osorio A, Rios A. Conteúdo de fibra alimentar, aminoácidos, ácidos gordos e tocoferol das algas comestíveis *Ulva lactuca* e *Durvillaea Antarctica*. *Food Chem*. 2006;(99):98-104.

Oza RM, Zaidi SH. A revised checklist of Indian marine algae. Central Salt and Marine Chemicals Research Institute, Bhavnagar. 2001:296.

Ozçimen D, inan B. An Overview of bioethanol production from algae. *Biofuels Status Pers*. 2015:141-162.

Padilha FP, De frança FP, Da costa ACA. Utilização de biomassa residual de *Sargassum* sp. para a biossorção de cobre de efluentes simulados de semicondutores. *Biores Tech.* 2005;96(13):1511-1517.

Palmer JD, Soltis DE, Chase MW. The plant tree of life: an overview and some points of view". *Am J Bot.* 2004;91(10):1437-1445.

Paoletti F, Mocali A, Aldinucci D. Oxidação de NAD (P)H por superóxidos induzida pelo complexo EDTA-Manganês e pelo mercaptoetanol. *Chemico-Biol Intractions.* 1990; (76):3-18.

Pappalardo L, Jumean F, Abdo N. Removal of cadmium, copper, lead and nickel from aqueous solution by White, Yellow, and Red United Arab Emirates sand. *Am J Env Sci.* 2010;6(1):41-44.

Pati MP, Sharma SD, Nayak LPC. Uses of seaweed and its application to human welfare: A review. *Int J Pharm Pharma Sci.* 2016;8(10):12-20.

Patra JK, Rath SK, Jena K, Rathod VK, Thatoi HN. Avaliação da atividade antioxidante e antimicrobiana do extrato de algas marinhas (*Sargassum sp.*): um estudo sobre a inibição da atividade da glutationa-S-transferase. *Turk J Biol.* 2008;32(2):119-125.

Patra S, Muthuraman MS, Prabhu ATJR, Priyadharshini RR, Parthiban S. Avaliação da atividade antitumoral e antioxidante de *Sargassum tenerrimum* contra o carcinoma de *ascite de Ehrlich* em ratinhos. *Asian Pacific J CancerPreven.* 2015;(16):915-921.

Paul W, Sharma C. Pensos para feridas de quitosano e alginato: Uma breve revisão. *Trends Biomat Artif Organs.* 2004;(18):18-23.

Peng Y, Xie E, Zheng K, Fredimoses M, Yang X , Zhou X , Wang Y, Yang B, Lin X, Liu J, Liu Y. Composição nutricional e química e atividade antiviral da alga marinha cultivada *Sargassumn naozhouense* Tseng et Lu. *Marine Drugs.* 2013;(11):20-32.

Pereira L, Sousa A, Coelho H, Amado AM, Ribeiro-Claro PJA. Utilização da espetroscopia FTIR, FT-Raman e 13C-NMR para identificação de alguns ficocolóides de algas marinhas. *Biomol Engg.* 2003;(20):223-228.

Pereira L. Uma revisão da composição nutricional de algas marinhas comestíveis seleccionadas. In: Pomin VH, Eds. *Seaweed.* Nova Science Publishers Inc; 2011:5-47.

Pereira N, Verlecar XN. O papel das algas marinhas na agricultura biológica. *Curr Sci.* 2005;(89):593-594.

Pérez MJ, Falqué E, Dominguez H. Antimicrobial action of compounds from marine seaweed. *Mar Drugs.* 2016;14(52):1-38.

Periyasami C, Anantharaman P, Balasubramanian T. Sustainable utilization of biological resources - seaweed farming a good option. *Int J Appl Biores.* 2013;(18):17-22.

Phillips MJ. A cultura do camarão e o ambiente. In: Bagarinao TU, Flores EEC, eds. *Towards sustainable aquaculture in Southeast Asia and Japan (Para uma aquicultura sustentável no Sudeste Asiático e no Japão).* Iloilo, Filipinas: SAEFDEC Aquaculture Depatment; 1995:3762.

Philpott J, Bradford M. Seaweed: O segredo da natureza para uma vida longa e saudável? *Nutrition Practitioner.* 2006:1-21.

Pooja S. Algas usadas como medicamento e alimento - Uma breve revisão. *J Pharm Sci Res.* 2014;6(1):33-35.

Prasad K, Das AK, Oza MD, Brahmbhatt H, Siddhanta AK, Meena R, Eswaran K, Rajyaguru M, Ghosh PK. Deteção de iões e quantificação de alguns reguladores de crescimento de plantas numa pulverização foliar à base de algas marinhas utilizando uma técnica de espetrometria de massa sem separação cromatográfica. *J Agric Food Chem.* 2010;58(8):4594-4601.

Raghavendran HB, Sathivel A, Yogeeta RS, Devaki T. Efficacy of *Sargassum polycystum* Phaeophyceae sulphated polysaccharide against paracetamol induced DNA fragmentation and modulation of membranebound phosphatases during toxic hepatitis. *Clin Exp Pharmacol Physiol.* 2007;(34):142-147.

Rajkumar R, Takriff MS. Perspectivas das algas e das suas aplicações ambientais na Malásia: Um estudo de caso. *J Bioremed Biodegrad.* 2016;(7):321.

Rauha JP, Remes S, Heinonen M, Hepia A, Kahkonen M, Kujala T, Pihlaja K, Vuorela H, Vuorela P. Antimicrobial effects of Finnish plant extracts containing Flavonoids and other phenolic compounds. *Int. J. Food Microbial.* 2000;(56): 3012.

Rauha JP, Remes S, Heinonen M, Hepia A, Kahkonen M, Kujala T, Pihlaja K, Vuorela H, Vuorela P. Antimicrobial effects of Finnish plant extracts containing Flavonoids and other phenolic compounds. *Int J Food Microbio.* 2000;(56):3012.

Redmond S, Kim JK, Yarish C, Pietrak M, Bricknell I. Cultura de *Sargassum* na Corcia: Técnicas e potencial para cultura nos EUA Orono; 2014.

Reitz SR, Trumble JT. Effects of cytokinin containing seaweed extract on *Phaseolus lunatus* L. influence on nutrient availability and apex removal. *Bot Mar.* 1996;(39):33-38.

Renn D. Biotecnologia e a indústria de polissacáridos de algas vermelhas: Status, necessidades e perspectivas. *Trends Biotech.* 1997;(15):9-14.

Rey LRP, Del Barrio G, Roque A, Resik S. Avaliação e caraterização da atividade antiviral de *Sargassum fluitans* contra alguns echovirus 9, Poliovirus 1, Coxsackievirus 5 e 24. *J Antivir Antiretrovir.* 2016;8(5):89.

Rhein-Knudsen N, Ale MT, Meyer AS. Produção de hidrocolóides de algas marinhas: Uma atualização das tecnologias de extração e modificação assistidas por enzimas. *Mar Drugs.* 2015;(13):3340-3359.

Richardson JS. Free radicals in the genesis of Alzheimer s disease (Radicais livres na génese da doença de Alzheimer). *Ann N Y Acd Sci.* 1993;(695):73-6.

Riou D, Colliec-Jouault S, Pinczon du Sel D, Bosch S, Siavoshian S, Le Bert

V, Tomasoni C, Sinquin C, Durand P, Roussakis C. Efeitos antitumorais e antiproliferativos de um fucano extraído de *Ascophyllum nodosum* contra uma linha de carcinoma broncopulmonar de células não pequenas. *Anticancer Res.* 1996;16(3A):1213-1218.

Robert JM, Hubel CA. Oxidative stress in preeclampsia. *Am J Obstet Gyneo.* 2004;(190):1177-1178.

Ross AB, Jones JM, Kubacki LM, Bridgeman T. Classification of macroalgae as fuel and its thermo-chemical behavior. *Bio Res Tech.* 2008;(99):6494-6504.

Ruch RJ, Cheng SJ, Klaunig JE. Prevention of Cytotoxicity and inhibition of intracellular communication by antioxidant catechins isolated from Chinese green tea. *Carcinogenesis.* 1989;(10):1003.

Rupapara KV, Joshi NH, Vyas KG. Avaliação da atividade antimicrobiana de extractos brutos de algas marinhas *Sargassum johnstonii. Int J Curr Microbiol App Sci.* 2015:4(2):300-304.

Russo A, Izzo AA, Borreli F, Renis M. Capacidade de eliminação de radicais livres e efeito protetor da Bacopa monniera L. sobre os danos no ADN. *Phytother. Res.* 2003;(17): 870-875.

Russo A, Izzo AA, Borreli F, Renis M. Capacidade de eliminação de radicais livres e efeito protetor da *Bacopa monniera* L. em danos no ADN. Phytotherapy Res. 2003;(17):870-875.

Safinaz A F, Ragaa AH. Efeito de algumas algas marinhas vermelhas como biofertilizantes no crescimento de plantas de milho (*Zea mayz* L.). *Int Food Res J.* 2013;20(4):1629- 1632.

Sajid I, Yao F, Shaaban AK, Hasnain KA, Laatsch SH. Actividades antifúngicas e antibacterianas de isolados de *Streptomyces* indígenas de terras agrícolas salinas: pré-seleção, ribotipagem e diversidade metabólica. *World J Microbio Biotech.* 2009;(25):601-610.

Sambrook JF, Russell DW. Molecular cloning: A laboratory manual, 3rd Eds., Vols 1,2 and 3. J.F. Sambrook e D.W. Russell, ed., Cold Spring Harbor Laboratory Press, 2001, 2100.

Satheesh S, Wesley SG. Diversidade e distribuição de algas marinhas nas águas costeiras de Kudankulam, na costa sudeste da Índia. *Biodiv J.* 2012;3(1):79-84.

Schiener P, Black KD, Stanley MS, Green DH. The seasonal variation in the chemical composition of the kelp species *Laminaria digitata, Laminaria hyperborea, Saccharina latissima* and *Alaria esculenta. J Appl Phycol.* 2014;(27):363-373.

Schultz-Jensen N, Thygesen A, Leipold F, Thomsen ST, Roslander C, Lilholt H, Bjerre AB. Pré-tratamento da macroalga *Chaetomor phalinum* para a produção de bioetanol - Comparação de cinco tecnologias de pré-tratamento. *Biores Tech.* 2013;(140):36-42.

Sekar R, Thangaraju N, Rengasamy R. Effect of liquid seaweed fertilizer from *Ulva lactuca* L. on *Vigna unguiculata* L. *Phykos.* 1995;(34):49-53.

Shannon E, Abu-Ghannam N. Antibacterial derivatives of marine algae: Uma visão geral dos mecanismos e aplicações farmacológicas. *Mar Drugs.* 2016;14(81):1-23.

Sharma SL, Chokshi SA, Desai D, Mewada H, Singh A. Malondialdeído antioxidante não enzimático e capacidade antioxidante total como marcadores de stress oxidativo na artrite e na artrite reumatoide. *J Med Sci.* 2013;2(1):57-60.

Sheath RG, Cole KM. Biogeografia de macroalgas de riachos na América do Norte. *J Phyco.* 1992;(28):448-460.

Shin EH, Lee HY, Bae YS. Leukotriene B4 stimulates human monocyte derived dendritic cell chemotaxis. *Biochem Biophys Res Commun.* 2006;(348):606-611.

Siamopoulou P, Bimplakis A, Iliopoulou D, Vagias C, Cos P, Berghe DV, Roussis V. Diterpenos das algas castanhas *Dictyota dichotoma* e *Dictyota linearis*. *Phytochem*. 2004;(65):2025-2030.

Sinha S, Astani A, Ghosh T, Schnitzler P, Ray B. Polissacáridos de *Sargassum tenerrimum*: Características estruturais, modificação química e atividade anti-viral. *Phytochem.* 2010;(71):235-242.

Sivasankari S, Venkatesalu V, Anantharaj M, Chandrasekaran M. Effect of seaweed extracts on the growth and biochemical constituents of *Vigna sinensis*. *Biores Tech*. 2006;(97):1745-1751.

Smidsrod O, Draget KI. Química e propriedades físicas dos alginatos. *Carbohidratos na Europa*. 1996;(14): 6-13.

Smit AJ. Utilizações medicinais e farmacêuticas de produtos naturais de algas marinhas. A review. *J Appl Phycol.* 2004;(16):245-262.

Starlin T, Gopalakrishnan VK. Propriedades antioxidantes enzimáticas e não enzimáticas de *Tylophora pauciflora* Wight e Arn. - Um estudo *in vitro*. *Asian J Pharm Clin Res.* 2004;6(4):68-71.

Sudhakar K, Premalatha M. Micro-algal technology for sustainable energy production: State of the art. *J Sust Energy Env.* 2012;(3):59-62.

Sweetly DJ, Sangeetha K, Suganthi B. Biosorption of heavy metal Lead from aqueous solution by non-living biomass of *Sargassum myriocystum. Int J App Innov Engg Manage.* 2014;3(4):29-45.

Tamayo JP, Del Rosario EJ. Análise química e utilização de *Sargassum* sp. como substrato para a produção de etanol. *Iranica J Eng Env.* 2014;5(2):202-208.

Taylor G. Biofuels and the bio-refinery concept (Biocombustíveis e o conceito de bio-refinaria). *Eng Policy*. 2008;36(12):4406- 4409.

Thanigaivel S, Vidhya HS, Vijayakumar S, Mukherjee A, Chandrasekaran N,

Thomas J. Extração diferencial por solvente de duas algas marinhas e a sua eficácia no controlo da infeção por *Aeromonas salmonicida* em *Oreochromis mossambicus* uma nova abordagem terapêutica. *Aquaculture* : 2015;(433):56-64.

Thirumalairaj VK, Vijayan MP, Durairaj G, Shanmu-gaasokan L, Yesudas R, Gunasekaran S. Potencial atividade antibacteriana de extractos brutos e nanopartículas de prata sintetizadas a partir de *Sargassum wightii. Int Cur Pharma J.* 2014;3(10):322-325.

Thirumaran G, Anantharaman P, Kannan L. Effect of seaweed extract used as a liquid fertilizer in the radish (*Raphanus sativus*). *J Ecobiol.* 2007;20(1):49-52.

Thomas D. *Seaweeds.* Série Life. Natural History Museum, Londres: 2002;ISBN 0-565- 09175-1.

Thorsen MK, Woodward S, McKenzi BM (Kelp) (*Laminaria digitata*) aumentam a germinação e afectam o enraizamento e o vigor das plantas em culturas e plantas nativas de um prado arável nas Herbides exteriores, Escócia. *J Coast Cons.* 2010;14(3):239-247.

Tseng CK. Notas sobre a maricultura na China. *Aquacul.* 1993;(111):21-30.

Uttara B, Singh AV, Zamboni P, Mahajan RT. Stress oxidativo e doenças neurodegenerativas: Uma revisão das opções terapêuticas antioxidantes a montante e a jusante. *CurrNeuropharma.* 2009;(7):65-74.

Valencia JMT, Demafelis RB, Borines MG, Gatdula KM. Potencial de bioetanol das macroalgas castanhas (*Sargassum* spp.). *Philippine J Crop Sci.* 2015;40(2):1-11.

Van den Hoek C, Mann DG, Jahns HM. Algae. An introduction to phycology. Cambridge Univ. Press, Cambridge, U.K: 1995.

Ventataraman K, Mohan VR, Murugeswari R, Muthusamy M. Effect of crude and commercial seaweed extract on seed germination and seedling growth in green gram and black gram. *Seaweed Res Utiliz.* 1993;(16):23-27.

Vera J, Castro J, Gonzâlez A, Moenne A. Revisão: Os polissacáridos e os oligossacáridos derivados das algas marinhas estimulam as respostas de defesa e a proteção contra os agentes patogénicos nas plantas. *Mar Drugs.* 2011;(9):2514- 2525.

Vijayabaskar P, Vaseela N. Propriedades antioxidantes *in vitro* do polissacárido sulfatado da alga marinha castanha *Sargassum tenerrimum. Asian Pacific J Trop Dis.* 2012:S890-S896.

Volesky B, Holan ZR. Biosorção de metais pesados. *Biotech Prog.* 1995;(11):235250.

Wang H, Vincent E, Oang P. Actividades antivirais de extractos de algas marinhas de Hong Kong. *J Zhejiang Univ Sci B.* 2008;9(12):969-976.

Wang TP, Chang LL, Chang SN, Wang EC, Hwang LC, Chen YH, Wang YM. Preparação e caraterização bem sucedidas de agarose de grau biotecnológico a partir de *Gelidium amansii* indígena de Taiwan. *Process Biochem.* 2012;(47):550-554.

Wang Y, Xu Z, Bach S, McAllister T. Sensibilidade da *Escherichia coli* aos clorotaninos de algas marinhas (*Ascophyllum nodosum*) e aos taninos terrestres. *Ásia-Austrália. J Anim Sci.* 2009;(22):238-245.

Wehr JD. Algas castanhas. In: *Algas de água doce da América do Norte.* Acd. Press; 2002:757-773.

West JA, Kraft GT. *Ectocarpus siliculosus* (Dillwyn) Lyngb de Hopkins River Falls, Victoria-o primeiro registo de uma alga castanha de água doce na Austrália. *Muelleria.* 1996;(9):29-33.

Wi SG, Kim HJ, Mahadevan SA, Yang DJ, Bae HJ. O valor potencial da alga marinha musgo do Ceilão (*Gelidium amansii*) como recurso bioenergético alternativo. *Biores Tech.* 2009;100(24):6658-6660.

Wichi HP. Aumento do desenvolvimento tumoral pelo hidroxianisol butilado (BHA) a partir das propriedades de efeito no epitélio do estômago e esófagelaquamoua. *Food Chem Toxicol*. 2007;(26):727-723.

Williams SL, Smith JE. A Global review of the distribution, taxonomy, and impacts of introduced seaweeds. *Annu Rev Ecol Evol Syst*. 2007;(38):327-59.

Win HS, Maw SS, Htun HH. Investigação da remoção de metais pesados por *Sargassum* spp. de águas residuais industriais. 5th *Int Conf Food Agr Bio Sci*. Bangkok (Tailândia): 2016;14-17.

Woelkerling WJ. Uma introdução. In: Cole KM, Sheath RG. Eds. *Biology of the Red Algae*. Cambridge: Cambridge University Press; 1990:1 6. ISBN 0-521-34301-1.

Wong KH, Sam SW, Cheung PCK, Ang PO. Changes in lipid profiles of rats fed with seaweed-based diets. *Nutr Res*. 1999;(19):1519-1527.

Wujek DE, Thompson RH, Timpano P. A ocorrência da alga castanha de água doce *Sphacelaria fluviatilis* Jao do Michigan. *Michigan Botanist*. 1996;(35):111-114.

Yang J, Volesky B. Modelação da troca iónica urânio-protão na biossorção. *Env Sci Tech*. 1999;(33):44079-85.

Yip WH, Joe LS, Wan A, Wan M, Maskat MY, Said M. Caracterização e estabilidade de pigmentos extraídos de *Sargassum binderi* obtidos em Semporna, Sabah. *Sains Malaysiana*. 2014;43(9):1345-1354.

Yokoya NS, Stirk WA, Van Staden J, Novak O, Tureckova V, Pencik A, Strnad M. Endogenous cytokinins, auxins, and abscisic acid in red algae from Barazil. *J Phycol*. 2010;46(6):1198-1205.

Zaid SAAL, El-Din Abdel-Wahab KS, Abed NN, El-Magd EKA, El-Din ASLR. Análise das actividades antivirais de extractos aquosos de algumas algas marinhas egípcias. *Egyptian J Hospital Med*. 2016;(64):430- 435.

Zailanie K, Kartikaningsih H. Fibra dietética e ácidos gordos no talo da alga castanha (*Sargassum duplicatum* J.G. Agardh). *Int Food Res J.* 2016;23(4):1584-1589.

Zandi K, Ahmadzadeh S, Tajbakhsh S, Rastian Z, Yousefi F, Farshadpour S, Sartav K. Atividade anticancerígena do extrato aquoso de *Sargassum oligocystum* contra linhas celulares de cancro humano. *Euro Rev Med Pharma Sci.* 2010;(14):669-673.

Zandi K, Fouladvand M, Pakdel P, Sartavi S. Avaliação da atividade antiviral *in vitro* de uma alga castanha (*Cystoseira myrica*) do Golfo Pérsico contra o vírus herpes simplex tipo 1. *Afr J Biotech.* 2007;6(22):2511- 2514.

Zhu W, Ooi VEC, Chan PKS, Ang Jr. PO. Inhibitory effect of extracts of marine algae from HongKong against Herpes simplex viruses. In: Chapman ARO, Anderson RJ, Vreeland VJ, Davison IR. Eds. *Proce 17th Int Seaweed Symposium.* Oxford: Oxford University Press; 2003:159-164.

Zodape ST, Mukhopadhyay S, Eswaran K, Reddy MP, Chikara J. Aumento do rendimento e da qualidade nutricional da grama verde (*Phaseolus radiata* L.) tratada com extrato de algas marinhas (*Kappaphycus alvarezii*). *J Sci Ind Res.* 2010;(69):468-471.

Zodape ST. Algas marinhas como biofertilizante. *J Sci Ind Res.* 2001;(60):378-382.

Printed by Books on Demand GmbH, Norderstedt / Germany